工廠叢書⑫

現場工程改善應用手冊

段健華　編著

憲業企管顧問有限公司　發行

《現場改善工程應用手冊》

序　言

本書是專門針對生產部門的現場工程改善而撰寫的工具書。為什麼成本會降低 25%，利潤卻提高 39%；為什麼員工減少 30%；生產效率卻提高 60%……運用現場工程改善，會引發製造效率改善大提升。

現場工程改善是企業制勝的法寶，改善就是運用最低成本的投入不斷進行改進和優化工作。

「改善」一詞是目前企業的管理者常常提起的管理用語。很多企業的管理者對於如何進行改善，如何找到改善的重點，該從何處著手都不明確，在作者多年輔導企業進行現場改善的過程中，經常遇到這樣的問題：「我們公司存在規模不大、人員素質不高、改善經費不足等局限，我們是否有能力來進行改善？」作者的經驗是「改善能否成功，與公司大小、人員素質沒有太大的關係，因爲很多改善不需要高深的學問，通過一般常識就可以進行很大一部分的改善，只要上至最高管理層，下至操作層具備改善的三心(信心、決心、耐心)即可。」

日本企業的生產現場爲什麼差錯很少，就是因爲他們不斷地追求良好的工作方法，出了問題，不是以「工人不小心造成的」來作爲「結束語」，而是仔細地分析發生問題的原因是什麼，找出好的工作方法，只有這樣才能防止同樣的問題再次發生。

根據現場改善大師今井正明的現場改善的金科玉律，做好現場改善的第一個前提是，當有問題發生時，應該先去現場，能夠做到這一點的企業並不多。當問題發生時，很多企業的高層管理人員還在辦公室等待部屬報告，而後再根據部屬傳遞上來的報告進行決策。現場出大問題，而管理人員全然不知的情況也很多，難怪豐田生產方式的創始人大野耐一先生會採用大野圓圈的方式對待那些現場督導不力的現場人員，讓他站在他所繪製的圓圈內觀察現場的異常。

第二個前提是檢查現物。問題發生的時候，很多人認爲解決的現場就在會議室，把各部門的人員召集在一起開會，討論出改善對策就可以了，很多管理幹部甚至連不良產品碰都沒碰一下，在會議上就推卸責任。

第三個前提是當場採取暫時處理措施。不過很多時候，我們所採取的措施比如加大抽樣數、加強人員培訓，這些暫時性的措施，卻成爲永久的改善措施，這點可從各企業所填寫的異常改善通知單看出，結果致使很多問題沒有得到有效解決。

第四個前提是進行問題的實因分析。作者在輔導企業進行現場改善的過程中，喜歡繪製各種排列圖來驗證改善措施的有效性。不過在很多情況下，很多現場工程師可以用 5 分鐘就寫完一份改善報告，還沒有對問題進行分析改善，報告就寫完了。

第五個前提是標準化。一談起標準化，很多人能想到的就是修改檔，很表面的標準化，而許多深層次的標準化如橫向展開、標準化培訓、標準化檔案和標準化查核表的建立等卻從未涉及到，如此下去一個企業是很難做好現場改善的。

任何生產現場都會存在著各種各樣的不合理現象，相信不少企業的生產主管都會遇到下列問題：生產不均衡、佈局不合理、生產計劃被打亂、缺少科學流程、事故頻出……生產主管如何結合企業的實際，以最小的成本合理解決這些問題，從而使企業獲得最大的效益？

本書提供了有效現場工程改善管理的利器，如何向現場管理要效益？簡單地講就是：**技術流程查一查；平面佈置調一調；流水線上算一算；動作要素減一減；搬運時空壓一壓；人機效率提一提；關鍵路線縮一縮；現場環境變一變；目視管理看一看；問題根源找一找，這是現場改善的利器**，如果你能利用了這些利器，就會發現功力非凡、所向披靡。你會驚喜地看到：技術路線順暢了；平面佈置合理了；流水線上窩工現象消失了；工人操作效率提高了；搬運便捷了；生產均衡了；人機結合密切了；管理變得簡單了。一個更快、更好、更短、更順的精益生產局面已悄然出現！這是以最低的成本投入取得最大的改善效果，最符合企業經營原則的管理方法，也是目前大多數企業的首選。

本書極具實用性，切實解決生產現場存在的問題，以「注重實際」爲原則，從問題入手，有針對性地提出解決方案，並輔以大量的圖表和生動案例，結合案例，生動透徹地講述了生產現場管理改善的精髓，是當前最貼近生產現狀、能滿足生產主管需要的實戰工具書。

本書是活躍在一線的工廠管理專家對現場管理的潛心研究心得，以易懂、易學、易用的圖表加案例，向生產製造業的各級幹部們提供實在的幫助，爲管理者提供一個改善工具，可以獲得效率和效益。

2011 年 9 月

《現場改善工程應用手冊》

目　錄

第 14 章　從生產現場作業環境加以改善 / 276

第 1 章

如何進行現場工作改善

一、帶著懷疑的眼光重新審視每天的工作

1. 形成認真執行每一項工作的現場作業氣氛

某公司在員工集體學習時，培訓老師提出一個問題，有誰知道穿在我們身上的毛衣是怎樣做成的，結果知道的員工不足10%，再問，編織毛衣的關鍵是什麼，結果無一人答對，因爲隨著機械化生產的普通，傳統織毛衣的方法已很少有人用了。

編織毛衣是一件費功夫的作業，要按順序一針一線地編織各種圖案和花紋，中途如果漏掉一針的話，織出的毛衣就會出現一個破洞，且無法補救，只得拆掉重新編織。所以說織毛衣的關鍵就是要一針針地認真編織，決不可輕視或疏忽每針的工作，只有每針都符合要求，才能保證最終編織出的毛衣是好的。

有句話叫，「不積跬步無以至千里」告訴我們凡事從小事做起，從點滴開始才能積小成大，體現效果。現場管理無大事，現場改善就是從現場管理的每一件小事開始。

所以現場工作的安排必須要有優先順序，從工作細小處著手安排，並一項一項仔細認真地進行執行和改善，才可稱得上是優秀現場管理者和作業人員。

工作現場的每一項工作都要重視，同時要有優先順序。例如要分出，那一項工作要優先完成，那一項工作可以遲一點作也無所謂；那一件作業要精細加工，那一件作業只要滿足功能就行了。諸如此類，對工作的輕重緩急深入理解並分出類別，然後準確無誤地傳達給作業員工，可以使操作員工少走彎路，提高現場作業的效率。

企業越大，就越是需要部門之間密切的配合和相互的協助才能提高企業的整體效益，而將每一個現場班組的小工作一項一項地認真做好就是提高公司整體成果的最好方法。在開展每項工作都認真完成的改善時，會將阻礙工作最直接的問題檢查出來，在管理和執行的過程中以小改善的方式將問題消除在最小的影響範圍以內。當現場形成了良好的認真完成每一項工作的風氣，並且所有的員工都能果斷地決定工作優先順序並能迅速判斷和處理作業時，才會形成高效率的現場工作。

2. 把握合理安排現場工作的原則

⑴一次安排工作不可超過四項

現場管理者在給每個操作者安排作業任務時一次不能超過四項，最合理的安排是每次三項，第一項是現在立即要去做的工作；第二項是第一項工作完成後馬上需要做的工作；第三項是第二項工作完成後再進行的工作。因爲只有這樣有次序地安排才是操作員能接受和完成的。

管理者在給員工安排工作時必須堅守這一原則，那就是要讓員工完成一件工作後再安排另外一件，不能一下安排得太多，那樣的話，會將員工嚇倒，只怕到最後一件都完不成。當然了，讓員工自己選擇工作優先順序來自己執行，也是一種合理安排工作的好方法，但是在現場管理水準不高的企業，還是由管理者來進行有序地安排是最有效的。

⑵從保證效果的角度安排工作

①工作內容數字化，作業方法標準化；

②從工作的重要度、難易程度來考慮工作的安排；

③果斷地決定先完成那一項，排出優先順序來；

④確認完成的結果後再安排下一項。

3.養成按計劃做事的習慣

在沒有很好的計劃之前就開始工作是無法保證工作有效完成的，現場作業千頭萬緒，如果在事前不進行有效的計劃，盲目開展起來在執行的過程中就會被許多不可預知的困難弄的手足無措。因爲你在沒有準備的情況下，執行某項任務就如同黑夜走路，無目的、無方向自然也沒有什麼好結果可談。

在對工作進行計劃時，必須強調協調的重要性，因爲管理的本質就是計劃、組織、協調和控制的往復循環。這一切就是推動現場管理和改善工作的基本。

PDCA(PLAN DO CHECK ACTION)循環法現在現場管理都知道如何使用。但是想要正確地實施並不容易。即使現場管理對 PDCA 能深入理解和有效執行，但是如果現場的其他操作員工不能按循環法的要求進行作業也是很難見成效的。

圖 1-1　新的 PDCA 循環法

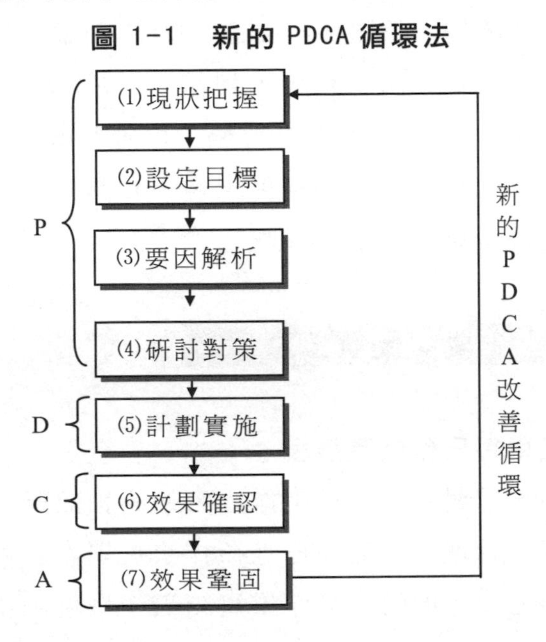

在進行現場改善時，如果員工均能按 PDCA 開展工作，那麼改善的效果就會十分明顯。然而現場人員的教育背景的不同決定了其工作的能力高低，針對普遍現場作業者所缺乏的改善能力，進行針對性教育是執行工作計劃的第一步。現場作業者普遍缺乏的改善能力有以下 6 個方面：

①按計劃完成工作的能力；

②維持人際關係的能力；

③自動創新工作，不斷提高自己的能力；

④提出完整書面報告的能力；

⑤對工作細緻改善的能力；

⑥果斷處理工作的能力。

爲了使管理循環能順利運行，就需要操作員工的全力協助。如果工作場所的人際關係不和諧，PDCA 循環也就只能是一句空話，管理者的能力再強也起不到作用。

PDCA 循環法的目的是不斷對現場工作進行改善，以提高現場管理的水準。如果人員之間關係出現不和諧，管理就如同在凹凸不平的路面上推動車子一樣吃力。

二、帶上工具與問題巡查現場

1. 靈活使用每日作業實績表

作業實績表是對員工每日工作內容的詳細記錄，是現場工作改善的寶庫，管理者通過每日查核作業實績表，可以有效掌握員工的工作進度，同時能從作業實績表中發現工作中存在的浪費並加以改善。

表 1-1 正確使用作業實績表

作業週期	作業內容	所花時間	作業價值	說明
8:00 12:00	A 產品品號的選別	4 小時	不產生價值	A 產品品號選別作業不能向客戶要求代價
13:00 15:00	參加工作場所會議	2 小時	不產生價值	會議客戶也不買單
15:00 16:30	B 品號的打孔	1.5 小時	產生價值	90分鐘打了 470孔可直接爲公司賺到 200 元
16:30 17:00	A 品號的選別	0.5 小時	不產生價值	
分析	張先生當日有價值的工作只有 1.5 小時，改善就從瞭解共餘的 6.5 小時作業內容開始著手			
註：作業實績表上的內容是作業改善的依據				

2. 現場巡查的方法

(1) 早上 30 分鐘全區巡查

有些現場管理者每日無數次地在現場奔波巡查，鞋都跑破了結果一個問題也沒有發現和解決。原因就在於在巡查時自己心中沒有數，不明確每次去現場巡查的目的和內容，也就只有瞎忙活了。所以管理者在巡查時必須要先確定巡查的內容，也就是每次去現場前，先問一下自己，這次我要去幹什麼？

圖 1-2

早上 30 分鐘全區巡查方法

- 帶上你的接班人
- 發現不合理讓你的接班人去處理
- 發現與品質有關的問題，嚴格對待指示到個人
- 一時不能明瞭的問題，立即派人去調查
- 然後召開現場會與相關負責人共同評價剛才所見的工作問題，並立即下達新的指示
- 對看到的人際關係的不和諧處也應給予協調和明確的指導

(2) 下班前 30 分鐘全區巡查

圖 1-3

下班前 30 分鐘巡查方法

- 仔細檢查機器運轉情況
- 以數值掌握不良品的發生情況
- 觀察從業員的受傷或健康狀態
- 聽取有關工作遲延、製品不良，以及與其他部門之間的糾紛等當日問題點的報告
- 綜合這些問題點，部門之間的問題親自聯絡並及時向員工回饋聯絡進度
- 計劃第二日的工作
  ①因爲計畫變更第二日工作內容更改須週知所有組員
  ②爲第二日工作準備材料、機器、工模、工具等

3. 現場巡查的項目內容

現場巡查的項目主要包括兩個方面的內容，一是要檢查操作員工的作業行爲是否存在著不良情況；二是檢查設備機器的運作有無不安全情況，針對這兩項內容開展每日的現場巡查工作，會將你從作業的迷宮中解脫出來，抓住現場的核心問題。

(1) 操作員工的作業行為

圖 1-4

人的作業行為

- 帶上你的接班人
- 準備不充分就開始操作機器，未注意警告提示就開始作業
- 以不安全速度運轉或作業
- 不使用安全用具
- 使用不安全的器具或設備
- 令人不安的裝卸動作
- 令人不安的作業姿勢
- 隨意亂碰運轉中的設備
- 瞧不起人，說人壞話，或警嚇別人
- 不使用安全保護裝置進行高空作業

(2) 設備機器的安全情況

圖 1-5

設備機器的安全情況

- 吊具、鏈條等設備安裝、高度、強度、咬台不良
- 工廠欠缺所需要的保護工具
- 粗糙、銳利、滑溜、腐蝕的狀態
- 設計上有安全隱患的工具、機器
- 配置不好的內部配備、密集、封鎖的出口等
- 採光及其他光源的不完備
- 通風不良，空氣污染
- 不合適的衣服、防護眼睛等；欠缺手套、口罩、穿高跟鞋

4. 現場巡查必帶的七種工具

要想使每一次的現場巡查都產生價值，管理者去現場時就必須帶上能發現問題和解決問題的工具。這些工具都簡單好用又方便攜帶，是現場改善不可或缺的有效工具。具體包括以下七種：

⑴觀測工具——碼表

對進行中的作業時間和速度進行觀測能立即發現時間上的不合理現象。

⑵測量工具——捲尺

對工位佈置和作業空間高度進行測量，能及時得出高度和距離上的不合理情況。

⑶計量工具——記數器

主要是手壓式記數器，用來及時瞭解生產數量與目標數量的差距。

⑷記錄用具——記錄紙和原子筆

用來記錄在現場看到的不良情況和分析作業時間。

⑸夾持工具——文件夾板

用來夾持記錄紙，以方便在現場巡查過程中的記錄工作。

⑹計算工具——小型計算器

能在現場對測量、觀測的結果進行及時換算。

⑺聯絡用具——各相關部門聯絡表

一旦在現場發現有與其他部門相關的問題時可以及時進行聯絡，以加快問題解決的速度。

三、工程改善的步驟

改善有它的法則，將針對工程分析說明實施工程改善時的法則，以及步驟。

工程改善的步驟，恰有如圖 1-6 所示一般，如果不依照這個步驟著手於改善的話，將導致「欲速則不達」的局面。

圖 1-6　工程改善的步驟

問題的發生·發現	應該改善什麼？
↓ 現狀分析	作業如何被進行？
↓ 問題的重點之發現	改善的目標是什麼？何處有浪費、不均，以爲勉強的現象
↓ 改善案的制訂	爲了排除浪費、不均，以及勉強，應該如何著手呢？
↓ 改善案的實施・評價	依照改善案進行，是否能達到目的？
↓ 改善案的繼續實施・處置	憑改善案實施標準化，防範再回到原狀

由於想到什麼，突然就想改善什麼，如此，只能解決當場的一些事情而已，不能成爲根本的對策，對大局不能有所改善。最重要的是，必需充分的展開現狀分析，在徹底的認識現狀的不合理處以後，再提出改善案。

（一）問題的發生・發現

問題非常明顯化的場合很少，最重要的一件事，是我們要時時存著問題意識，想著爲了使我們的工作場所更完美，應該如何的著手改善。爲此，必需使 QC 分野活動，一直很活潑的發揮機能，再以積極的態度，從事主題的選定，以爲解決問題。

關於問題的發生，一般可分爲：自己發現，由上司的指示，或者第三者的指摘才發現。最好是在他人指出之前，由自己去發現問題，在未成一個問題以前，就把它當成主題研討，悄悄的從事改善。

爲此，在平時，就得弄清楚自己工作場所的問題所在，同時，也得注意的看看過去的統計資料（能率、機械的轉動率，原單位等》。同時，也得留意公司裏的其他工作場所，以及公司外的類似工作場所，以便知道自己工作場所的水準。

所謂的問題，很少以明確的主題發生，往往以漠然的型態被表現出來。是故，在真正展開調查以前，最好根據過去的實際資料，或者所見所聞，展開預備調查，以便知道應該改善一些什麼？待統一意見以後，再確定將來的目標，訂立調查計劃。

在考慮發生什麼問題以前，不妨利用表 1-2 所表示的 PQCDSM 檢查表，實施一次的檢查，以便確定問題的所在。

通常，現場有多種問題糾纏在一起，問題之間又息息相關。例如：某種製品的品質提高，進貨期就能夠被確保等等，一個因素被改善以後，其他的因素就會變好的例子，時時可見。以這種場合來說，找出根本的問題是最重要的一件事。如果有眾多問題的話，最好先決定次序，然後，依照次序解決。

表 1-2 利用 PQCDSM 的檢查表

檢查項目	檢查重點
生產力（P） productivity	最近的生產力是否降低？生產力是否能提高？是否必要的人員多，而生產性又不好呢？
品質（Q） quality	品質是否降低？不良製品率是否提高了？品質是否能提高一些？顧客的抱怨是否太多？
成本（C） cost	成本是否提高了？原料、燃料等的成本是否提高了？
交貨（D） deliverly	交貨期有沒有延遲？能否縮短製造日期？
安全（S） safety	安全方面沒有問題嗎？災害的件數多嗎？有沒有不安全的作業？
士氣（M） morale	富有士氣與幹勁嗎？人際關係有問題嗎？作業員的分配適當嗎？

（二）現狀分析

實施現狀分析時，應該具備的基本心態。

⑴把事情原原本本的分析

表 1-3 的 5W1H 檢查表，必需調查得很完善，不能有所遺漏。同時，必需客觀的下判斷，把事實原原本本的分析。爲此，必需使用自己的眼睛去確認。

表 1-3 基於 5W1H 的檢查表

項目	質問（5W1H）	
對象	什麼（What）	舉行呢？
作業者	誰（Who）	
目的	爲什麼（Why）	
場所・位置	在何處（Where）	
時間・時期	何時（When）	
方法	如何（How）	

⑵**必需定量化**

有問題的地方，必需定量的表現，儘量避免摸稜兩可的表現法。例如：

生產量：t/時間，個/時間，t/回，t/回，kg/日，單位/日。

單位的大小：t/單位，個/單位。

所需時間：時間/單位，分/回。

所需人員：人/單位，人/組。

運搬距離：m/回，回數/時間，個/回，時間/回。

就如此這般，以明確的測定單位分析問題。

⑶**記號化‧圖表化**

只要把問題記號化、圖表化，就不難理解；同時，分析起來也比較容易，任誰看起來都能夠明白，如此一來，就可以使作業的內容，很清楚的劃開界線，改善的重點將更為明確。

圖 1-7　圖表化

（三）問題重點的發現

憑現狀分析，發現作業工程的浪費、不均、勉強，以及現狀作業的不理想之後，即可縮小問題的重點，訂立改善的目標。

工程分析，對縮小問題的重點，將有很大的幫助。由此可發現種種的問題，例如：運搬次數太多，運搬距離太長，或者等待的時間太久等等。

逢到這種場合，如果以現代分析的結果爲題目，由全體人員來發表意見，或者製成一幅「特性主要原因圖」的話，即可綜合全員的意見，整理出一套可行的方法。

（四）公改善案的制訂

一旦問題的重點，以及改善的目標決定了以後，就得考慮如何的付之實現。雖然已經查出了浪費、不均，以及勉強的所在，但是，應該如何去消除那些浪費、不均，以及勉強的因素呢？

因爲這個工作場所是前輩們所建立的，欲改善談何容易？但是爲了求進步，必需否定現狀，並且養成「爲何要如此的做呢？不妨取消這種做法」的念頭。

在這種場合之下，必需思考改善的四原則《排除、簡單化、結合、交換》，然後，再制訂改善案。

改善以後，必需能夠實現以下的四項。

①使作業員舒服（減輕疲勞）。

②良好的產品（品質的提高）。

③快速（製造時間的縮短）。

④省錢《經費的減少》。

表 1-4　改善的四原則

原則	目標	例
排除	不能取消嗎？ 取消又會變成如何？	・檢查的省略 ・配置變更的運搬省略
簡單化	不能更爲簡單嗎？	・作業的重新估計 ・自動化
結合	能否把兩種以上的工程合而爲一？	・兩種以上加工，能否同時進行作業 ・加工與檢查同時進行
交換	能否交換工程？	・變更加工的順序，以便提高能率

同時，在制訂改善案時，必需分成三種情況考慮。那就是：

第一案：能夠很快就制訂好的改善案。

第二案：必需稍作準備才能制訂的改善案。

第三案：必需大規模從事準備，方能制訂的改善案。

然後，再配合當時的狀況，選擇一個合適的改善案。欲採用改善案的場合，必需跟上司及關係者充分的協議。

（五）改善案的實施・評價

一旦採用了某改善案，必需先把它試試。像設備改造以及配置變更等，非動用大規模工事不可者，在一般清況下很難以試試。不過，你可以假定設備已經變更，配置也經過變更之下，驅使調查所獲得的數據（沒有數據的話，不妨從某種資料預測），在桌上展開假想的作業，以確定改善案的可行性，這種方法叫「模擬實驗」。

在嘗試改善案時，必需一面考慮到作業的熟悉度，一面展開充足的教育訓煉。如非把這件事付之實施的話，那就不宜輕易的提出嘗試的結論。

（六）改善案的繼續·處置

改善案經過嘗試，如果獲得「十分有效果」的評價的話，將被編入實際作業裏面。改善案一旦獲得實施，就必需把它標準化，以防止再退回原狀。

以上的步驟，改善完畢後，不妨再找另外的新主題，向它挑戰。維持現狀就是退步，「改善是永不休止的一件事」，你最好牢記這一句話。

心得欄 ------------------------------------

第 2 章

現場改善四步法

改善，不只是關注那些顯著的、大規模的事物，而是在每天的工作中，努力去發現勉強、等待、不均勻（見圖 2-1）的事項並將其消除，達到提高產品品質、節約企業經費、縮短生產時間的目的。

圖 2-1　改善事項

◆勉強：超出能力的界限，一直處在重負擔的狀態

◆等待：雖然有能力，但卻一直做能力以下的工作

◆不均：在工作能力的界限上下來回波動

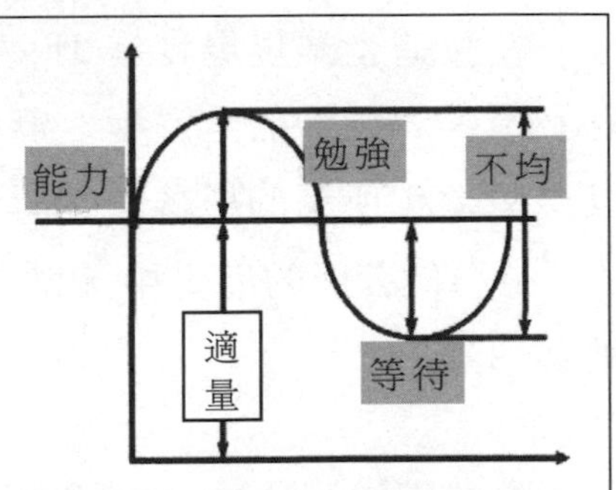

製造企業中的一線管理者，對管轄範圍內的工作運行、部下的特點及現狀必須詳盡瞭解。作爲管理者，其重要責任之一就是親自帶頭示範，傾注心血進行作業改善，進一步在所屬部門形成自我啓發、相互啓發的風氣。

競爭的成敗取決於「成本低、速度快和品質高」。企業在面臨資源有限的前提下，還要迅速對客戶的需求做出反應，提供高品質的產品和服務，這就是我們所說的「效率提升」問題。生產效率包括的內容很多，如投資報酬率、物流效率、人的效率、設備的效率等，在歐美國家、日本的許多企業都得到廣泛運用並取得了良好的效果，在企業中運用也同樣取得較好的效果，在一年不到的時間裏，效率提升最少的爲 30%，最高達到了 80%。

最後還必須強調一點，在運用所有的改善方法和技巧之前，管理者首先必須建立一個信念：「不安於現狀，要常懷有疑問，不斷尋求更好的工作方法，營造持續改善的文化氣氛。」

在製造企業現場實施 IE 改善，「現場、現物、現實」的理念必須貫穿改善的全過程。無論是什麼級別的管理者，都不可以憑想像和所謂的經驗去判斷問題、得出結論、制訂標準。

在 IE 發展的歷史中，拋去繁雜，追其根本，IE 改善可歸納爲四步。

一、步驟一是觀察現場、解剖流程、分解作業

製造現場的 IE 改善，其本質就是改善各類作業過程，改善

的終極目的就是提高各流程、各環節的作業效率。

所謂的作業效率改善，是指最有效地使用現有勞動、機械設備和材料，在短時間內獲得優良品質並且增產的方法。也就是說，改善並不意味著增加投入，而是運用現有的勞力、機械、材料，爭取做到不浪費人力資源、材料等，實現作業有效、經濟運行的目標。

作業改善的第一步，就是要瞭解現有作業的真實狀況。對現狀作業進行分解是把握事實的最有效、最簡單的方法。這就要求參與改善的人員必須深入到改善對象的現場，全面瞭解現場存在的所有相關事物（簡稱現物），只有在此基礎上制訂出來的改善對策才是具有操作性和執行性的。下面，我們通過案例的形式，來把握作業分解的要點：

下列是某產品的某一個工序作業，包括走路去拿物料後返回、將物料放到超聲波熔結設備上、用超聲波熔結設備熔結的作業（見表 2-1）。

表 2-1　某工序作業分解

序號	作業項目明細內容	類別
1	走路到 C5 區去拿上蓋與下合後返回	搬送作業
2	將上蓋與下合分別放到超聲波熔結設備上	手工作業
3	用超聲波熔結設備熔結	機械作業

⑴ **作業分解的目的**

- 根據作業分解，能夠獲取實情；
- 根據作業分解，能夠發現改善的要點，包括浪費（無價值）、不合理、不均匀和勉強的作業；

• 根據作業分解的項目明細，可以按順序一個一個調查問題。

⑵**將作業分解成項目明細**

• 按作業類別分解作業；

• 項目明細分解越詳細，問題就越容易暴露且更徹底，改善也就越全面：

• 要精確、沒有歧義地表達明細，描述要具體、簡潔。

從表 2-1 中，我們可以看出企業對第一個項目「走路到 C5 區去拿上蓋與下合後返回」的作業分解明顯不夠細，於是，我們將上表的 3 個項目明細變爲 8 個項目明細（見表 2-2）。

表 2-2　某工序作業再分解

序號	作業項目明細內容	類別
1	走路 3 步到 C5 區去拿物料	搬送作業
2	彎腰用右手拿 1 個上蓋	手工作業
3	在 C5 區再走 1 步到下合放置處	搬送作業
4	彎腰用左手拿 1 個下合	手工作業
5	走路 4 步到超聲波熔結設備處	搬送作業
6	左手將下合放到超聲波熔結設備上	手工作業
7	右手將上蓋放到超聲波熔結設備上	手工作業
8	用超聲波熔結設備熔結	機械作業

表 2-3　項目明細表達對錯表

正確的表達	錯誤的表達
走路 3 步到 C5 區去拿物料	去拿物料
檢查零件外觀	檢查品質
等 8 秒	等一會兒

(3)**記錄現場所觀察到的作業狀態與條件**

紀錄的內容必須是事實，不得有任何想像的東西。另外，在記錄作業過程中出現的品質、效率、成本、5S 等問題，可以在備註裏摘要記錄或在另一份表格中記錄。

(4)**測量時間值**

每個工序都可以用碼錶測量其實際時間值，但作業分解的每個項目明細的時間一般採用標準時間（見表 2-4）。

表 2-4　作業分解後每個項目的標準時間

序號	作業項目明細內容	類別	標準時間
1	走路 3 步到 C5 區去拿物料	搬送作業	2.15 秒
2	彎腰用右手拿 1 個上蓋	手工作業	2.43 秒
3	在 C5 區再走一步到下合放置處	搬送作業	0.72 秒
4	彎腰用左手拿 1 個下合	手工作業	2.43 秒
5	走路 4 步到超聲波熔結設備處	搬送作業	2.86 秒
6	左手將下合放到超聲波熔結設備上	手工作業	1 秒
7	右手將上蓋放到超聲波熔結設備上	手工作業	1 秒
8	用超聲波熔結設備熔結	機械作業	4 秒（設備時間）
合計本工序標準時間			17.45 秒
本工序 5 次實測時間平均			24.23 秒

工序的時間一般是數十秒到數分鐘，用碼錶測量是比較方便的。作業分解後每個項目的時間只有短短數秒，而且被分解的作業項目是一個連續的過程，這時還用碼錶來測量就變成費事、費時的工作。因此，當企業進行小批量、多品種的生產時，用標準時間來標注作業分解後每個項目的時間是比較可行的。歐美國家、日本、韓國的大企業大都採用了這種方法。

(5)**計算作業效率**

計算公式為：

作業效率＝標準時間÷實測時間

俗話說：「好的開始是成功的一半」。作業分解如果順利完成，改善目標也就達成了一半。但是這種腳踏實地去現場分析問題，恰恰是我們許多企業所缺乏的。許多企業一談到改善，部門主管馬上會說「我們部門都是小問題，企業的主要問題在……」「我們還缺條件，需要公司再給我們投入……」等。

二、步驟二是尋找問題、追根溯源

為了使改善成功，一定要抱有疑問。與其說這是解決問題所必需的能力，不如說這是改善所必需的態度。我們第一步詳細瞭解了現狀，第二步就應該從各個角度對現狀進行推敲，試著問「這些方法好嗎？怎樣才能做得更好？」

為什麼有些人能迅速發現問題，而有些人則對問題視而不見呢？除了積極的態度之外，思考的方法也很重要。用 4M1E 的廣度思維從多角度發現問題，用 5W2H 的深度思維去挖掘問題根源（見圖 2-2）。

圖 2-2　T 型思維方法

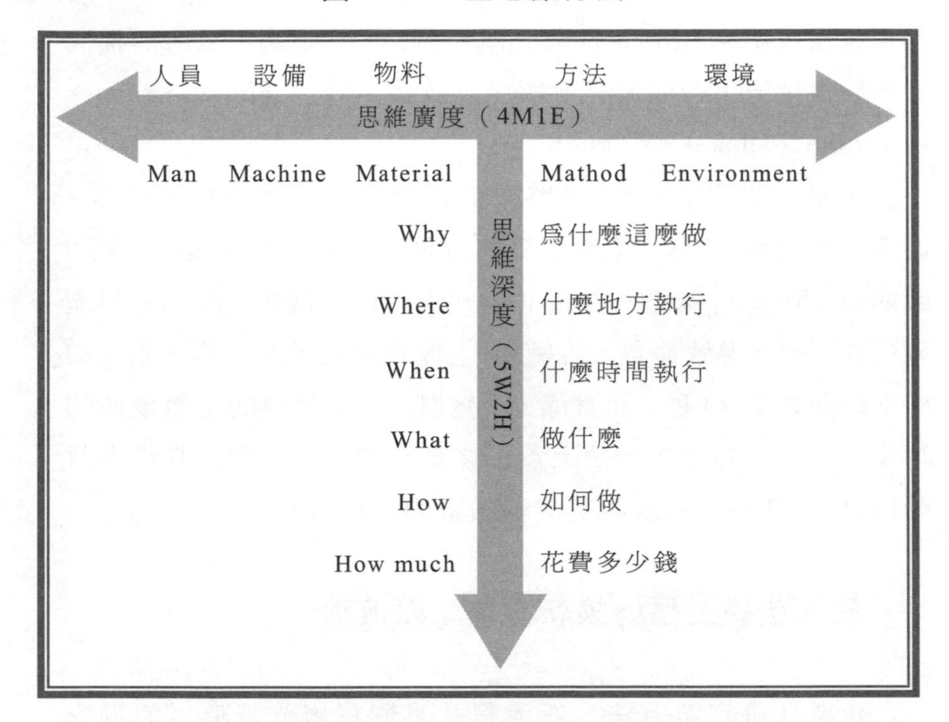

⑴**用 4M1E 的廣度思維多角度發現問題**

完成作業和流程分解後，企業需要從 4M1E 的角度全面觀察作業的項目明細，確定那些地方存在問題。如果對問題的把握都不準確，之後的思考和對策也就不會有效。例如，國內很多企業在現場作業的設備、物料、方法尚沒有明確的情況下，一旦作業出現問題或者效率低下，管理者就簡單地將問題歸結為培訓不足、人員素質差等泛泛的原因。這種做法對於追求精益生產的企業來說只會起阻礙作用。

⑵**用 5W2H 的深度思維去挖掘問題根源**

爲了有針對性地解決問題，企業還必須將隱藏在 4M1E 中的問題根源找出來，5W2H 就是一個好方法。在這裏，思考與提問的步驟很重要，合理的思考順序應該是：Why→Where→When→Who→what→How→How much。

例如，我們來分析「走路 3 步到 C5 區去拿物」這個動作，從第一個問題「Why」來看，拿物料是目的明確的作業；從第 2 個問題「Where」來看，走路 3 步則沒有任何價值，說明物料擺放位置不當，導致浪費。再例如，「彎腰用右手拿一個上蓋」的標準時間是 2.43 秒，而實際上「彎腰」的 2 秒時間是無價值的動作，只有「右手拿一個上蓋」才是有價值的動作，其標準時間僅爲 0.43 秒，這就說明改善的空間是很大的。

三、步驟三是構築新方法、新流程

企業在確定新方法、新流程及具體實施改善項目的過程中，對 ECRSC 原則理解和運用的熟練度決定了改善方法的準確性和效果的顯著性。ECRSC 原則包括：

⑴**消除不要的項目明細（Elimination）**

從「爲什麼必要？在什麼地方？」出發，除去不必要的作業項目明細，其改善效果主要是能夠除去除人工、機械、材料的浪費。

⑵**盡可能合併項目明細（Combination）**

從「什麼地方？什麼時候？誰來做？」出發，將可行的作業項目明細合併，其改善效果主要是能夠減少檢查、拿取（搬送）物料、放置的作業時間。

⑶將項目明細以更好的順序重新編排組合

經過取消、合併後，企業再從「何人？何處？何時？」出發進行作業重排，將材料、工具的取放合理化，減少搬運浪費等，使作業更加有序，以提高生產平衡度。

⑷必要的項目明細簡單化（Simplification）

經過取消、合併、重排後的必要工作，企業還應考慮能否採用最簡單的方法和設備，以節省人力、時間及費用，同時也能使作業更加容易、安全，作業品質更好。

⑸工作中的資訊共用（Communion）

將作業過程中需要知曉的資訊，在一份共用的表單中羅列出來，與所有人共用，這樣能夠避免重覆作業，也是標準化的過程。

企業在運用 ECRSC 原則時，還要把握以下要點：

⑴充分利用「經濟型原則」

經濟型原則又分爲「動作經濟性原則」和「流程經濟性原則」。例如，在「動作經濟性原則」中有一條「物料放置點、工具放置點和作業位置點形成三角形，其邊長越短作業時間越短。」這就意味著材料、工具應盡可能放在作業點附近，再如「動作經濟性原則」中有一條「僅僅用手臂能達到的範圍爲作業範圍，但利用肘關節即可達到的範圍爲經濟動作範圍。」這就意味著材料、工具的放置使手的移動在 15cm 左右時最經濟。

⑵**經常製作工裝夾具**

在 ECRSC 展開過程中，爲了使品質更穩定、效率更高、安全性更可靠，企業需要經常製作工裝夾具。

⑶**列出改善提案**

企業應該盡可能地將問題通過 ECRSC 展開形成新方法，並將新方法寫成改善提案。另外，受現有改善技能與其他因素的制約，總有一部份問題得不到徹底改善，所以，企業必須抱有持續改善的態度。

以前面的案例爲例，在經過 ECRSC 展開後，企業在物料擺放上追加一些了工裝具，並對作業進行了重新分解(見表 2-5)。

表 2-5　重新分解後的項目明細

序號	作業項目明細內容	類別	標準時間
1	右手拿一個上蓋下合	手工作業	0.43 秒
2	左手拿一個上蓋	手工作業	0.43 秒
3	右手將下合放到超聲波熔結設備上	搬送作業	1 秒
4	左手將上蓋放到超聲波熔結設備上	手工作業	1 秒
5	用超聲波熔結設備熔結	機械作業	4 秒
合計本工序標準時間		6.86 秒	
本工序 5 次實測時間平均		65 秒	
本工序效率		105.5%	

從表中可看到，在案例中，經過改善，工序的標準時間從 17.45 秒變成了 6.86 秒，減少 60%；實際作業時間由 24.23 秒

變成了 6.5 秒，減少了 73%；工序效率由 72%提高到了 105.5%。

效率改善的實質，不是通過增加肉體、精神上的強度與速度來提高效率，而是通過消除無價值、浪費、不均勻與不平衡的現象，圍繞創造價值實現經濟、舒適、安全的作業來提高效率。例如，以 0.72 秒爲人走 1 步的標準值，它是絕大多數人在連續數小時都能承受的，而且不會讓人在肉體和精神上產生不適感。如果我們硬性規定其走一步路只能用 0.5 秒，甚至變走爲跑來提高效率，這就完全違背了「以人爲本」管理理念。我們寧可通過改善讓員工少走一步，然後將減少的 0.72 秒分配到其他有價值的工作中。只有這樣，普通員工才有可能積極參與到改善中來。

四、步驟四是實現效果放大與倍增

在現場管理中，同一類型的問題經常會在多處出現。爲了讓 IE 工程師和現場管理者充分利用時間改善被發現的問題點，通常管理者在完成步驟三後，會先行選取一處樣板試點改善並進行效果評價，如果效果較好，再在其他地方鋪開。這樣，既可以避免因盲目展開而造成巨大的損失，同時，又可以利用水平展開的機會，帶動下屬和實施者參與到改善中來。

水平展開，也就是複製先前的改善思路，這往往能給改善效果（無論是有形效果，還是無形效果）帶來成倍的放大和增長。當然，複製思路不代表「全盤複製」，也需要根據問題點的變化進行調整。思路改善的水平展開的實施步驟如下圖：

圖 2-3　思路改善水平展開圖

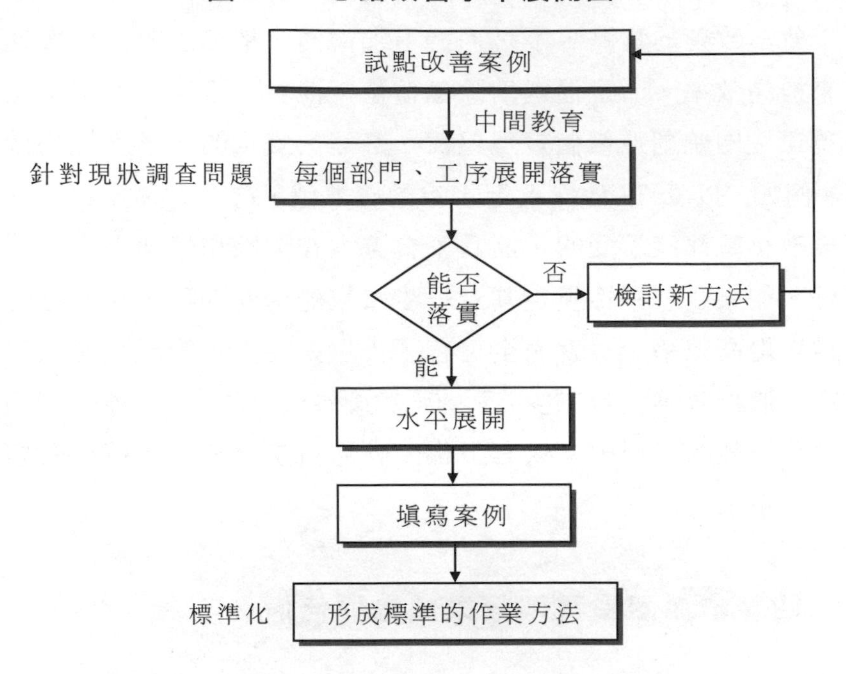

試點改善與水平展開還應該把握以下要點：

- 使上司理解新方法：
- 使部下理解新方法並教育、培訓作業者；
- 徵求安全、品質、產量、價格等相關部門負責人的意見並得到認可；
- 推進新方法並形成標準，一直使用到下一次改善爲止；
- 無論是提案還是報告，都要承認他人的努力和功績。

五、診斷前的準備與運營

隨著自主管理活動五個階段工作的持續開展，現場管理水準持續提升，更重要的是包括班組長和員工的能力可以得到大幅度提升。對企業來說，具有更重要的作用。

1. **自主管理二級診斷概要**

一般 TPM 教材要求企業推進自主保全過程中要實施三級診斷，即部門診斷、專家診斷和主管診斷。根據經驗，我們把三級診斷簡化爲二級診斷，操作簡便，效率更高，效果更好。具體的對照管理如表 2-6 所示。

表 2-6　三級診斷簡化為二級診斷

三級診斷		二級診斷
部門診斷	⇨	專家診斷 （外部專家或推進部門專家）
專家診斷		
主管診斷		主管診斷

實施二級診斷，改善推進部門專家或外部專家需要從一開始就對改善活動的方法和進度等進行必要的培訓和輔導。活動部門認爲條件成熟，就可以向推進部門專家或外部專家提出一級診斷申請。一級診斷的目的是通過診斷，發現申請部門改善活動中的不足，並督導申請部門限期對不足進行糾正和改善。經有關專家認可後，方可向公司提出二級診斷的申請。

二級診斷，說到底就是爲了讓公司檢閱活動成果，並創造一個員工展示成果和領導激勵員工的平台。因此，在進行二級診斷的時候，推進部門以及專家必須事先對診斷的內容、診斷流程以及報告形式等做好細緻的準備工作。

2.改善成果的總結

每一個階段活動結束後，經專家和公司診斷合格後方可進入下一階段的工作。提出診斷申請之前，申請部門必須做好階段活動總結。即對本階段的改善計劃、活動內容、活動效果等做成改善報告，並以此作爲改善成果進行交流和展示。

改善活動的總結報告通常應包括以下內容：

⑴本階段的改善目標和改善計劃；

⑵本階段改善活動的內容；

⑶改善成果；

⑷對本階段改善的反省(對活動過程的體會、反省以及其他可以值得借鑑的經驗)。

3.診斷的申請與運營流程

自主管理活動有 5 個活動步驟，而這 5 個步驟說到底就是 5 個不同的水準，因此，在申請診斷認證時，可以分步或合併提出診斷申請。

4.診斷申請與實施過程中的注意事項

診斷申請與實施過程中，需要注意以下事項：

⑴原則上，部門可自行決定診斷認證級別和受診斷對象，受診斷對象可以是部門全部區域，也可以是部份區域或設備。

⑵在通過專家(一級)診斷之前，不能直接提出主管診斷申請。

表 2-7　診斷流程

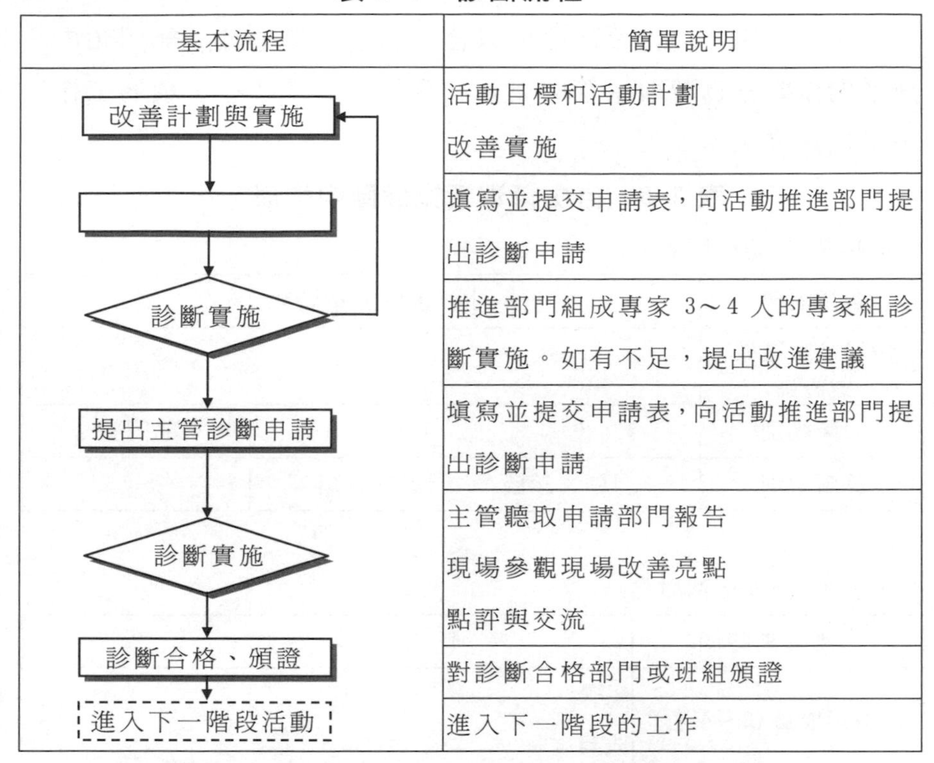

基本流程	簡單說明
改善計劃與實施	活動目標和活動計劃 改善實施
	填寫並提交申請表，向活動推進部門提出診斷申請
診斷實施	推進部門組成專家 3～4 人的專家組診斷實施。如有不足，提出改進建議
提出主管診斷申請	填寫並提交申請表，向活動推進部門提出診斷申請
診斷實施	主管聽取申請部門報告 現場參觀現場改善亮點 點評與交流
診斷合格、頒證	對診斷合格部門或班組頒證
進入下一階段活動	進入下一階段的工作

⑶診斷組成員將對計劃、現場改善情況和改善報告進行診斷，並將獲得的客觀證據填寫在「自主管理活動診斷表」上(見表 2-9)，並對表中的診斷項目逐項進行符合性判斷。針對診斷中發現的不符合事項，給予建議、輔導，並確認對策措施的落實。

⑷診斷組組長根據員工的「自主管理活動診斷表」填寫「自主管理活動診斷結果報告」(見表 2-10)，並連同診斷表一起上

交推進部門。

⑸一般的，主管診斷都會以合格通過，但是推進部門和申請部門需要認真聽取主管的要求和意見，並及時在後續的工作中予以落實。

表 2-8 自主管理活動診斷申請表

A.申請(申請部門填寫)

申請部門		要求受診斷時間	
接受診斷區域或設備			
診斷級別	(　　　)階段		部門長
診斷類別	□專家診斷　□主管診斷		

B.核准(推進部門填寫)

核准診斷時間	
診斷組成員(2～4名)	組長： 成員：
要求準備事項	1. 2. 3. ……
備註	

六、現場診斷的實施

表 2-9　自主管理活動診斷表

A. 申請(申請部門填寫)

部門		診斷時間	
診斷區域			

B. 核准(推進部門填寫)

No	診斷項目	診斷要求	評語	評分
1	初期清掃	・初期清掃(5S)計劃 ・初期清掃(5S)實施 ・微缺陷解決 80%以上 ・改善報告完成		
2	發生源和困難源對策	・發生源及困難源清單 ・對策計劃目標完成 80%以上 ・改善報告完成		
3	總點檢	・5S 及責任區域、設備確定 ・點檢表、點檢標準製作 ・定期 5S 及點檢實施和記錄		
4	提高點檢工作效率	・點檢項目頻度方法優化 ・點檢通道製作 ・目視管理製作 ・改善報告完成		

續表

5	自主管理體系建立	・點檢及管理標準的完善 ・保全活動的自主實施 ・檢查制度的建立和實施 ・改善報告完成 ・活動成果展示		
註：○合格；△有條件合格；×不合格			診斷者	

表 2-10　自主管理活動診斷結果報告

申請部門		診斷時間			
診斷區域					
診斷成員					
診斷對象					
診斷者	STEP1	STEP2	STEP3	STEP4	STEP5
1.					
2.					
3.					
4.					
6.					
7.					
8.					
9.					
10.					
……					

表 2-11　問題點記錄

<table>
<tr><td colspan="3"></td></tr>
<tr><td>診斷組意見：</td><td>診斷組長</td><td></td></tr>
<tr><td>推進部門結論：</td><td>推進部門</td><td></td></tr>
</table>

七、生產現場的診斷流程

圖 2-4 生產現場的診斷流程

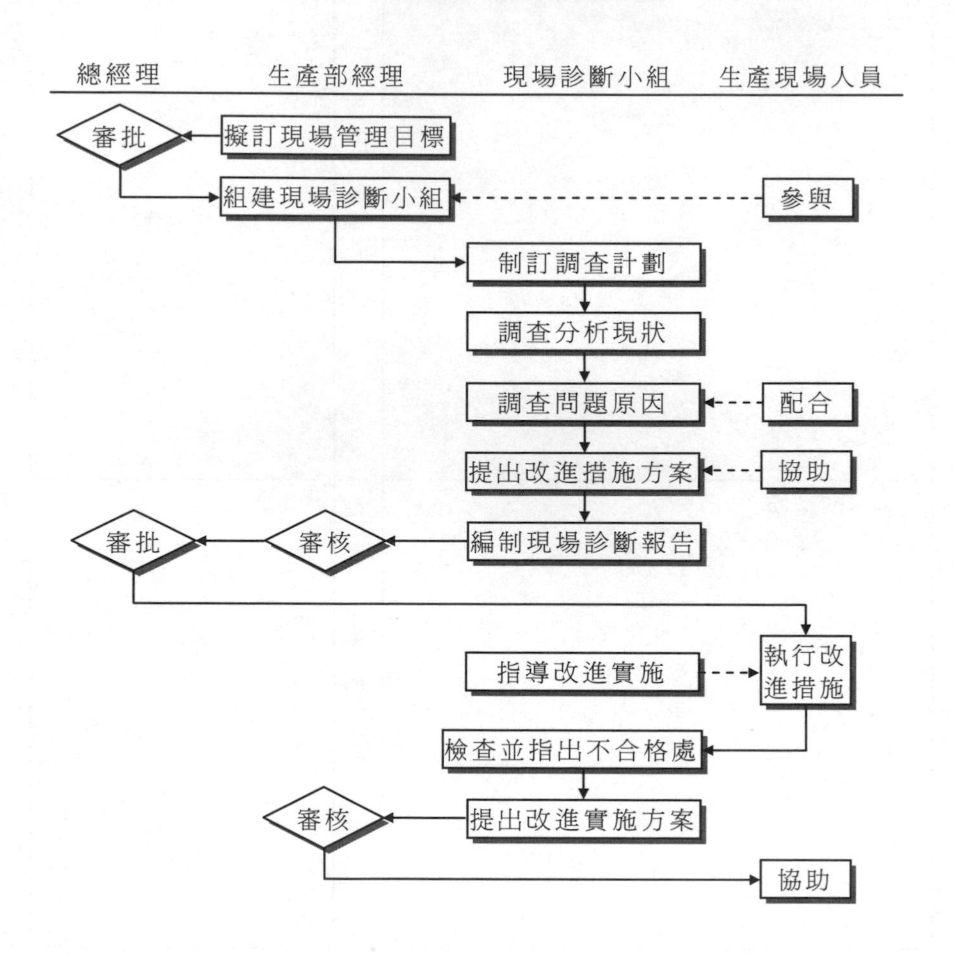

八、生產現場的診斷方案

（一）目的

爲提高生產效率，減少生產過程中的浪費，使現場資源得到合理配置和利用，營造整潔有序的生產環境，降低安全事故的可能性，特制定本方案。適用於生產現場診斷、改善活動。

（二）診斷準備

(A)組建診斷小組

1.生產部經理負責組建生產現場診斷小組，由生產部經理擔任組長。

2.成員構成包括生產主管、工廠主任和班組長。

(B)診斷方法

本次診斷採用現場觀察法與訪談法相結合，通過小組成員的觀察及與作業人員的交談獲得現場的相關信息進行診斷。

(C)診斷時間

1.本次診斷活動時間爲 6 月 1 日至 6 月 20 日。

2.診斷階段時間劃分如下。

⑴診斷準備階段：6 月 1 日至 6 月 5 日。

⑵診斷實施階段：6 月 6 日至 6 月 15 日。

⑶診斷收尾階段：6 月 16 日至 6 月 20 日。

（三）診斷實施

生產現場診斷的主要內容如表 2-12 所示。

表 2-12　生產現場診斷的主要內容

項目	具體調查內容
安全生產	1.環境衛生、廠容、工廠和工作區域的整潔 2.各種物品的定置情況 3.安全設施和安全規章的執行情況等
工作條件狀況	照明、粉塵、溫濕度、噪音、通風和工作強度等
目視管理	1.工作崗位責任制的公佈 2.工作任務和完成情況的公佈 3.作業規程和標準的公佈 4.定置圖的公佈 5.各種物品的彩色標誌 6.安全生產的標誌 7.現場作業人員著裝的情況等
生產技術及產品品質	1.生產技術的機械化和自動化水準 2.產品或零件的技術精度和難度 3.產品或零件的成品率和返修率 4.有無技術文件、檢驗標準及執行的嚴格程度和變動程度 5.操作人員的技術水準和熟練程度 6.工序品質控制點的管理狀況等
現場物流	1.生產現場採用何種生產空間組織形式 2.設備佈置的合理性 3.物流路線和運輸路線是否合理等
設備管理	1.設備的新度、精度以及對產品品質和任務的保證程度 2.根據設備的使用、停放、維修和保養等判斷其管理狀況與品質等
現場改善	1.在製品的品質、數量及檢驗方法 2.合格品、次品的堆放與隔離 3.在製品的堆放位置、方法、數量和轉移手續 4.作業計劃下達的及時性以及生產均衡率、配套率等
人員管理	1.作業人員的基本情況 2.技術水準是否符合生產需要 3.作業人員的精神狀態、工作熱情、效率和工作緊張程度 4.生產現場工作紀律的遵守狀況等

（四）診斷結果

1.對診斷小組整理收集到的各項資料進行分析。

2.根據分析結果，診斷小組與作業人員共同提出改進建議，並制訂改進實施計劃。

3.診斷小組編制「生產現場診斷報告」交總經理審批，具體報告內容包含以下七部份。

⑴現狀概述。

⑵診斷組織機構。

⑶診斷方法。

⑷診斷實施步驟。

⑸診斷結果分析。

⑹建議改進措施。

⑺診斷數據資料。

4.「生產現場診斷報告」經總經理審批後，生產部根據改進建議實施相應改進措施。

心得欄 --

第3章

現場工程改善的手法

一、現場改善概述

(一) 現場的概念

所謂現場，是以生產、品質、倉儲、設備等直接部門的工作爲中心，進而擴展到間接事務部門工作的一個範圍概念。

提出現場的概念，其實是突出一種務實的管理精神。管理中，到問題發生的場所去確認到底是發生了什麼問題，調查問題發生的真正原因，抱著這樣的管理作風，才能實實在在解決現場的問題。這就是我們所宣導的「現場、現物、現實」的精神。

日常管理中，常有一種不好的現象，就是有人喜歡振振有詞地發言，不去踏踏實實地行動。或者喜歡憑空想像方案、對策，不願意深入工作現場瞭解實際情況。換句話說，宏觀「務虛」的管理，過分地取代了微觀「務實」的管理。這樣的後果，是管理逐漸脫離現場，演變成一種形式，不能解決現場的實際問題。

一些推行標準化制度的企業。一方面做得非常漂亮，檔案夾也擺得很到位；另一方面，現場依然問題重重。用一位主管的話說：「該不行的，還是不行；該出問題的，還是出問題。」原因很簡單，沒有把力氣花在解決實際問題上，當然不行。

（二）管理與改善的關係

我們來看看管理與改善的關係。通常認爲，保持現有的技術和管理水準是「管理」，而突破現有水準，使之向更高水準提升是「改善」。所以，改善是突破現狀，產生新價值的開創性的努力（見圖 3-1）。

圖 3-1　改善是突破現狀

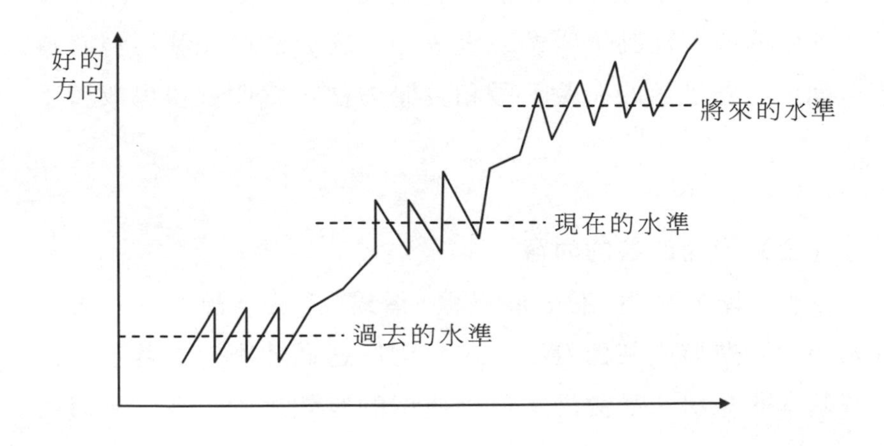

狹義的管理，以現行流程的維持爲主，配合人員培訓與考核激勵，目的在於保持生產的安定狀態。由於面對的對象和條件不斷變化，被動地維持現狀顯然相當費力，而且常常會積累大量難以解決的問題（「老大難」問題）。造成這樣的局面，是因爲僅僅狹隘的維持現狀，往往「治標不治本」。解決的方法，是在管理工作中融進改善的內容，並把改善的意識貫徹到整個現場。

例如，生產中產品發生不良，僅僅將不良品檢驗出來和返修是不夠的。深入調查發生不良的位置、對象和真正原因，採取針對性措施著手解決，確認對策的效果，研討是否還有其他未被注意的潛在問題，才是防止不良品再發生的有效方法。這種方法不是想當然地填寫幾張《品質改善報告》，而是運用有效的改善手法，深入現場進行改善。

只有這樣，才能標本兼治，達到更高的現場管理水準。現場管理中的改善活動，叫做現場改善。充分調動和利用現有資源，創造出新價值的有效手段和具體方法，就叫做現場改善手法。

（三）現場改善的內容

改善策略的產生，有一個過程，稱爲「看法→想法→方法」。首先要對問題形成某種看法，才會對於通過什麼方式著手解決有個基本的想法，最後借鑑可以運用的有效手段，產生具體的方法。

所謂看法，不妨稱之爲「意識」。改善所應具備的種種對事情的看法，主要包括現場意識、時間意識、問題意識、方法意識和協調意識等。

所謂想法，可以稱之爲「理念」。改善理念雖然五花八門，但其中最有代表性的，主要還是 QC（Quality Control，品質控制）的改善理念、IE（Industry Engineering，工業工程）的改善理念，以及 VA（Value Analysis，價值分析）的改善理念。

所謂方法，可以稱之爲「手法」。手法是具體的方法，而不是涉及的方面。改善手法精彩紛呈，但萬變不離兩點：發現問題和解決問題。

手法是最能體現改善樂趣的地方：發現問題的手法讓人體會一種「探尋」、「發現」的快樂，而解決問題的手法讓人體會一種「消除」、「勝利」的快樂！

如果說理念是改善的精彩之筆，那麼意識就是其靈魂，手法則是其形體。現場改善通過意識、理念和手法的結合，形成了相當豐富的內容，涵蓋了廣泛的範圍。

如果要清點那些工作是現場改善，恐怕難以計數。因爲幾乎每一項工作，都可以與改善相聯繫，這取決於當事人的問題意識和改善意識。問題意識和改善意識越強，越傾向於打破現狀，改進和完善工作內容。圖 3-2 和圖 3-3 就是現場改善的兩個例子。

【例 1】

圖 3-2 檢查範本的改善

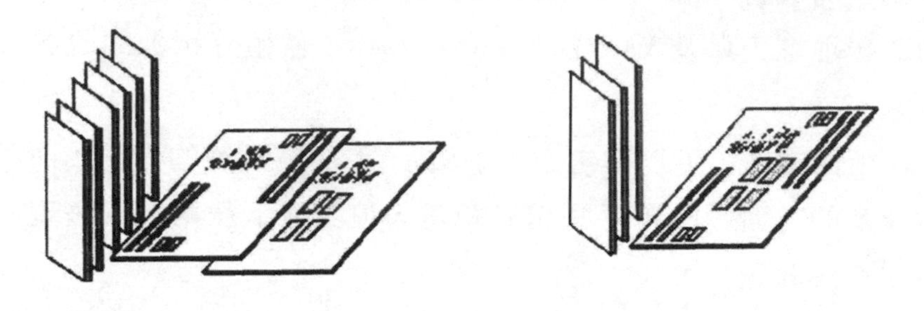

【例 2】

圖 3-3 沖裁加工工件飛散的改善

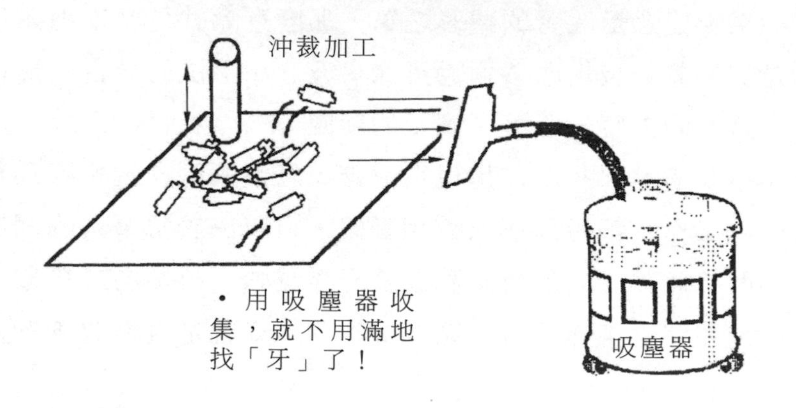

在當今一流的企業，改善意識早已深入人心，完全融入到日常管理之中。實際工作中沒有必要細分那是管理，那是改善，管理就要改善，改善就是管理。所以，只要是認為有問題，就可以進行改善。現場改善的內容，也就是「發現問題，改進績效」。

二、現場工程改善的意識

「發現問題，改進績效。」要進行現場改善，首先得發現問題。如果認爲沒有什麼問題，又談何改善？所以，首先應具備改善的意識。

意識是無形的東西，虛無縹緲，難以捉摸。我們通常只能通過一個人的表現，去判斷他的意識如何。這就存在一個問題，即通過什麼樣的表現去判斷？

現場工作更是這樣。改善是一種富於創意、突破和成就感的活動，但同時又是一項艱難的工作。你常常必須在相當複雜的現場條件下，尋找還不知藏身何處的問題，而問題的解決，更是要大費心思。

面對現場中的問題，光有說的意識，沒有做的意識，是毫無用處的。有些人害怕傷「神」動「骨」，不願意去改善，寧可維持現狀。這其實就像下棋，不識其中滋味時，似乎枯燥乏味，真正深入其中時，自會體會其中妙處。

下面看看現場改善應該具備的三大意識：

(一)「現場、現物、現實」的意識

「現場、現物、現實」是現場管理之靈魂。「現場」是指問題發生的場所，「現物」是指對發生問題的對象進行確認，「現

實」是指實實在在地進行分析，找出真正的原因。

所謂現場意識，就是把現場看作問題發生的根源，管理水準提升的基石。

「現場不好，實力不強」，這是今日市場競爭的鐵則！再好的制度，再妙的市場策略，如果以問題重重的現場爲後盾，照樣發揮不出好的效果。與其費盡心思追求制度的「完美」，不如先踏踏實實搞好現場，才有「水到渠成」的效果。

所謂現物的意識，就是認爲現場的問題往往有形有據，那裏發生了問題，對什麼造成了影響，都應加以明確。

現場問題往往源於細小之事。「涓涓細流，彙聚成河；區區螻蟻，可以決堤。」不注意小事、細節，永遠難以找出問題根源。

一家電子製造公司，以前產品的電鍍外殼一直有很多外觀不良，客戶經常投訴。他們先是查原材料，後來又查組裝過程，最後沒辦法，乾脆增加幾個人全檢。但是增加了人工成本不說，檢出來的一大堆不良外殼也浪費掉了。仔細觀察其生產過程，發現問題發生在一件很小的事情上！

因爲產品很小，組裝外殼時，都是一大堆倒在作業台面上進行。而台面很粗糙，傾倒和翻動時不斷摩擦，結果就造成了外觀劃傷和磨痕。最後建議在作業台面墊上一層絨氈，問題就徹底解決了（見圖 3-4）。

所謂現實的意識，就是摒棄完全憑經驗和感覺，工作中注重數據和事實。

圖 3-4　外觀不良的改善

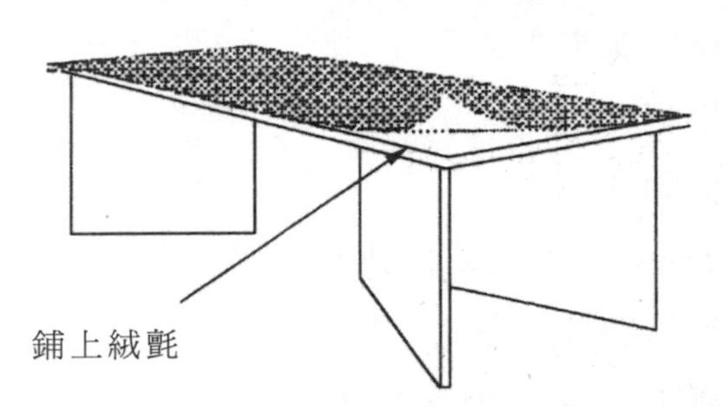

例如發生了不良品，不是說「怎麼搞的？一定又是×××出了問題！這下可能麻煩大了？」而是瞭解「不良品的數量、不良率是多少？是什麼樣的不良？這些不良會在那裏發生？怎樣發生？誰的責任？」事實勝於雄辯，事實勝於猜測，就是現實的意識。

(二)「及時、及早、及至」的意識

及時、及早、及至也就是一種時間意識，強調及時對應、及早預防、即刻處理（及至）。沒有強烈的時間觀念，只會讓問題一拖再拖，小疏忽變成大麻痹，小異常變成大損失。

及時對應的意識，就是要明確改善的時機，並及時對進展回饋。

明確改善的時機，包括：

⑴用圖表表示隨時間的變動；

⑵明確異常的判定基準；

⑶發生異常馬上對應；

⑷交接更換及時確認。

及時對進展回饋，包括：

⑴確定回饋的頻率；

⑵前期結果報告的時間；

⑶回饋評價的基準。

及早預防的意識，就是要防患於未然，事先建立起堅固的、紮實的預防差錯的防線。包括：

⑴事前預測；

⑵人員訓練；

⑶目視化管理；

⑷愚巧化預防。

及至（即刻處理）的意識，就是能迅速、正確地開展工作，遇到腦力激蕩時不會手忙腳亂。包括：

⑴確定異常情報的獲取；

⑵明瞭異常的處理方法；

⑶開展模擬訓練。

（三）「問題、方法、協調」的意識

現場有許許多多問題堆積的「頑石」，看不出有什麼問題時，也就談不上改善，所以問題意識是最重要的（見圖 3-5）。

此外，光有改善的願望，沒有改善的技能，不知道運用合適有效的方法，也只會「有心無力」。而且不同的方法可能有著完全不同的效果，這個方法行不通，不代表問題沒法解決了，可以嘗試其他方法，這就是方法意識。

有願望，有能力，還需要有氣氛。比賽場上，隊員們有取

勝的願望，也有打好的能力，但如果現場沒有比賽的氣氛，恐怕狀態也很難出來。同時如果沒有隊友之間的配合，也難有作爲。兵法上講究造勢，打仗時有擂鼓助威，有衝鋒號角，有前赴後繼，必要時統帥還親自上陣。現場管理也是一樣，需要造勢，需要配合，這就是協調意識。

圖 3-5　現場問題的「頑石」

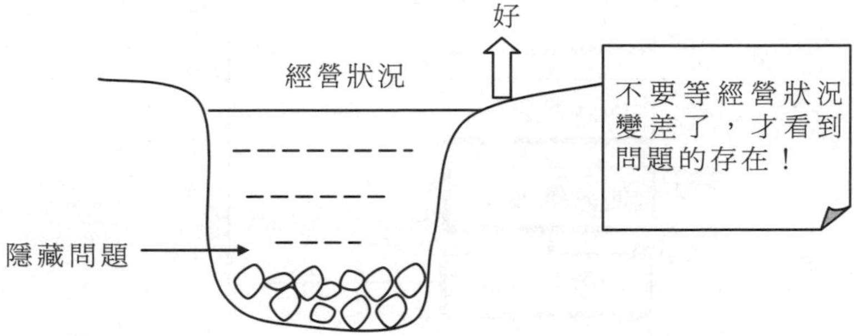

好

經營狀況

不要等經營狀況變差了，才看到問題的存在！

隱藏問題

問題意識、方法意識和協調意識，三位一體，缺一不可。

塑造良好的現場氣氛，養成積極的問題意識，掌握有效的改善手法，才能充分激起和發揮人的積極作用，形成企業進步的原動力。

三、改善手法：問題解決七步法

問題解決七步法是開展現場改善的基本方法，具有廣泛的適用性。將通常進行改善的 PDCA 過程，細分成七個關鍵的步驟，整理出來形成指導改善開展的方法，就是問題解決七步法（見圖 3-6）。

圖 3-6 問題解決七步法

P
D
C
A
(1)現狀把握
(2)設定目標
(3)要因解析
(4)研討對策
(5)計劃實施
(6)效果確認
(7)效果鞏固
新的PDCA改善循環

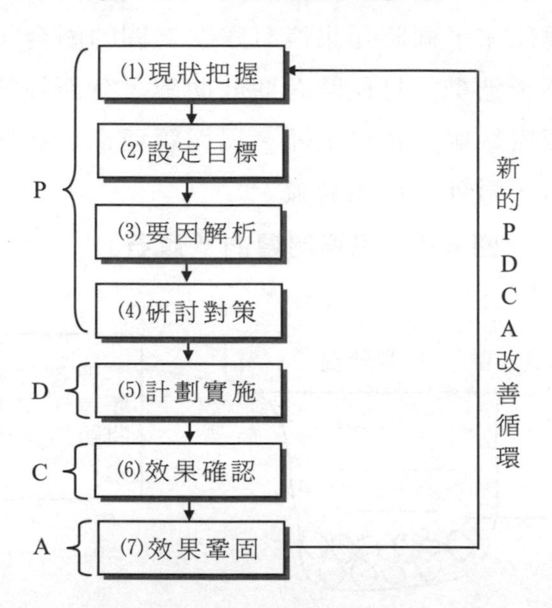

以上是整個改善過程的 PDCA 大循環。實際工作中，因爲對策實施的效果往往存在一些局部的不足，這時通常進行局部的 PDCA 小循環（見圖 3-7）。

圖 3-7 PDCA 小循環

P
D
C
要因解析
研討對策
計劃實施
效果確認
要因問題
對策問題
要因問題
對策問題
A

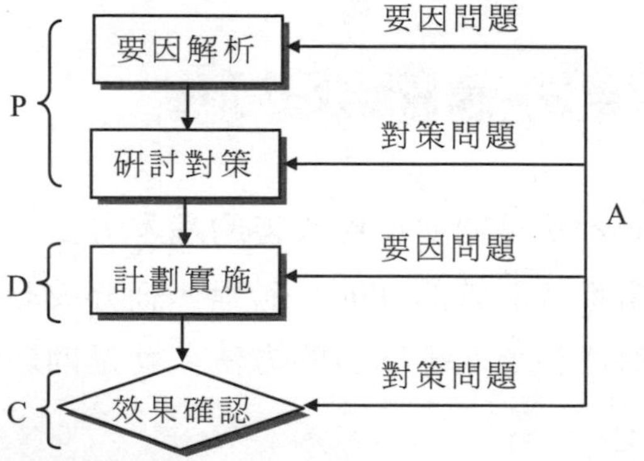

（一）現狀把握的立法

現狀把握——找出問題所在點的方法

1.**尋找問題點**(1)

根據問題意識，從「實際值」同「期待值」的差異中敏銳洞察問題點（見圖 3-8）。

2.**尋找問題點**(2)

依據公司的方針目標，以及本部門本崗位的機能與職責，對比現狀找出問題點（見圖 3-9）。

圖 3-8　從「實際值」與「期待值」的差異中把握現狀

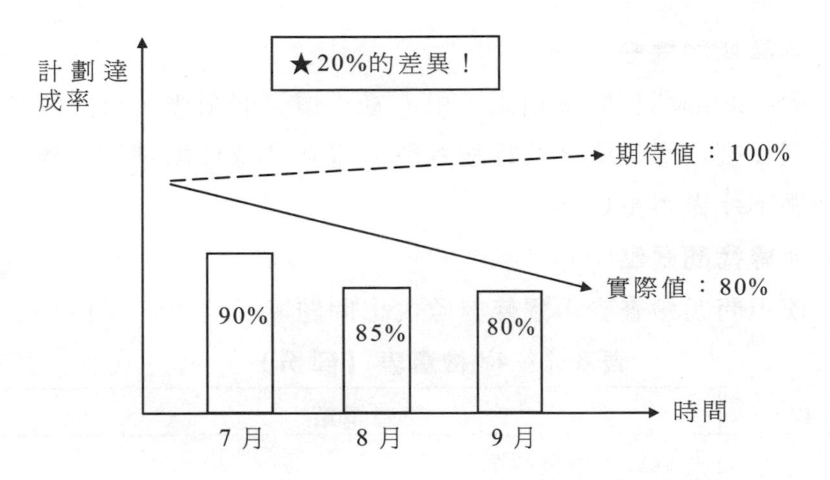

圖 3-9 從實績與目標的差異中把握現狀

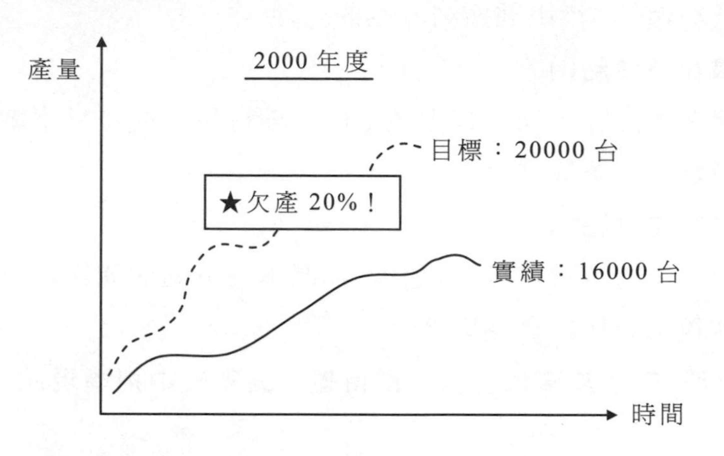

3.**尋找問題點**(3)

與好的部門和崗位相比，用「看不慣」的眼光，找出問題點。爲什麼這樣混亂？爲什麼等待這樣多？爲什麼總是停機？爲什麼不能做得更好？

4.**尋找問題點**(4)

使用問題檢查表，逐條對照找出問題點（見表 3-1）。

表 3-1 4M 檢查表（部份）

4M	問題點
設備 Machine	設備經常停機嗎？
	對精度的控制有效嗎？
	有無確實開展維修和點檢？
	設備使用方便、安全嗎？
	生產能力是否合適？
	設備配置和佈置好不好？

續表

人員 Man	是否遵守作業標準？
	工作技能足夠嗎，全面嗎？
	工作幹勁高不高？
	作業條件、作業環境如何？
材料 Material	材料品質狀況如何？
	材料庫存數量是否合適？
	物料存放、搬運方式好不好？
	材料成本如何？能否更便宜？
方法 Method	作業標準內容是否合適？
	作業前後的準備工作是否經濟有效？
	前後工序的銜接好嗎？
	作業安全性如何？

5.**尋找問題點**(5)

運用統計數據、報表分析，找出問題點（見圖 3-10）。

圖 3-10　從統計分析中把握現狀

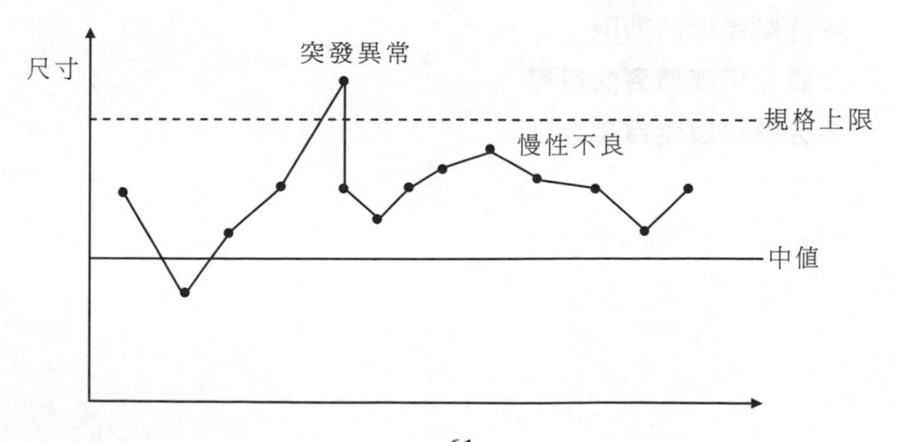

6.尋找問題點⑹

根據客戶或相關工序的回饋資訊，找出問題點。

7.尋找問題點⑺

運用 5S 的標準檢查現場工作，也是找出問題點的有效方法。

整理：有無區分要與不要的東西？

整頓：經常使用的東西方便即刻取用嗎？

清掃：現場環境幹部清爽嗎？

清潔：能否經常保持整潔、無塵的狀態？

素養：有遵守規定的習慣嗎？

（二）設定改善目標的方法

設定改善目標——預計改善效果的方法

1.用量化的方法明確目標

⑴評價項目和特性；

⑵數據化的目標值；

⑶計劃達成的期限。

2.設立可能達到的目標

3.分階段設定目標進度

圖 3-11　把目標分階段實施

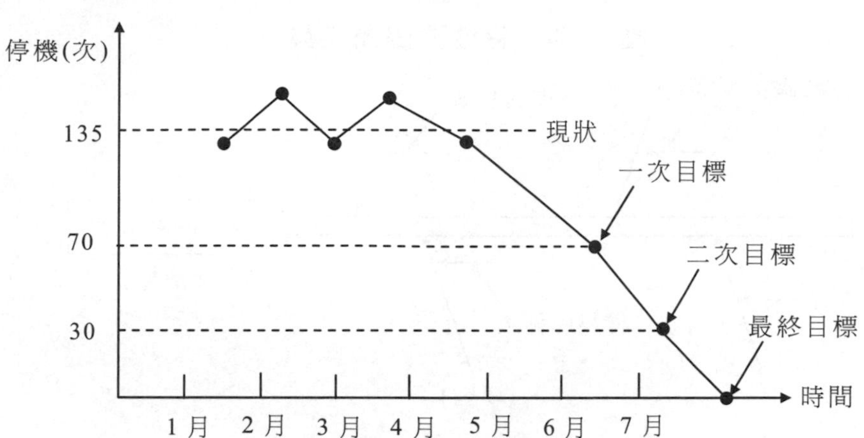

4. **與公司方針和上級指示一致**

圖 3-12　根據方針、指示設定目標

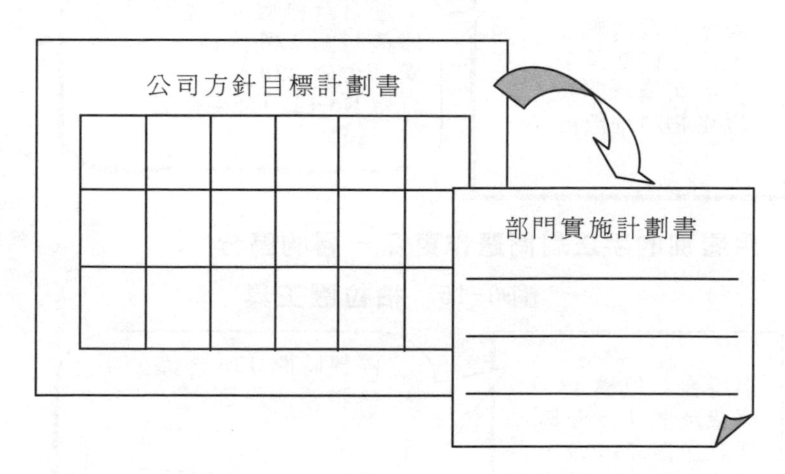

（三）要因解析的方法

要因解析——調查問題主要原因的方法。

1. **先將問題細化，再進行調查，收集資訊**

2. 運用發散思維的技術理清主要原因

圖 3-13　特性要因圖工具

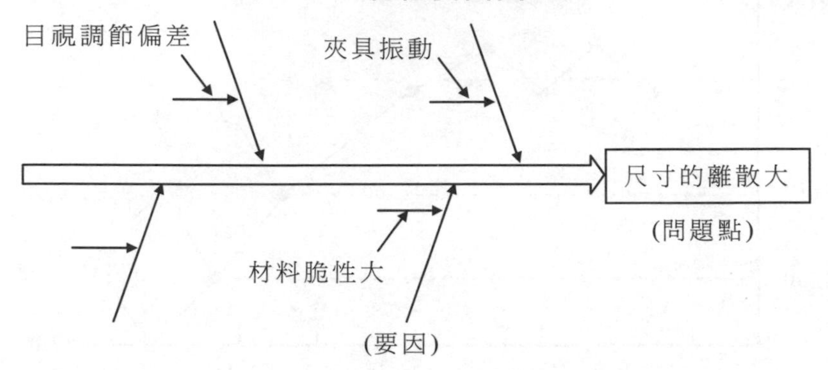

3. 運用數據量化的方法調查要因的影響程度

圖 3-14　運用量化的數據

設備停機次數多；
不良返修數量多；
產品切換時間長；
現場物料堆放亂；
……

上週合計停機 43 次，
停機時間 126 分鐘，
累計欠產 230 台，
訂單 No.1210 延遲兩日交貨，
客戶投訴……

4. 用層別的手法對問題作更深一層的區分

圖 3-15　柏拉圖工具

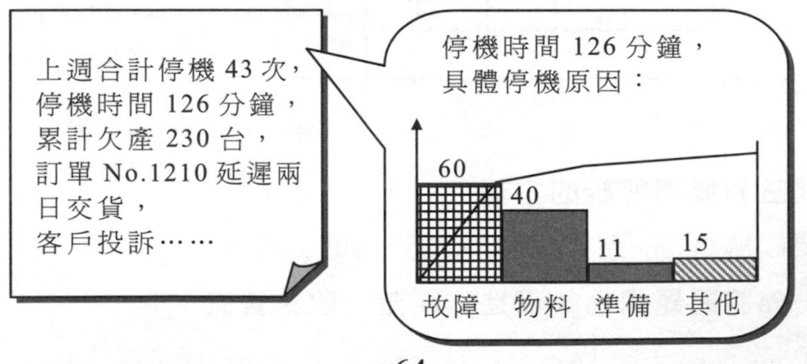

5. 針對問題的類型不同，展開對應分析

圖 3-16　腦力激蕩、週期異常和慢性不良

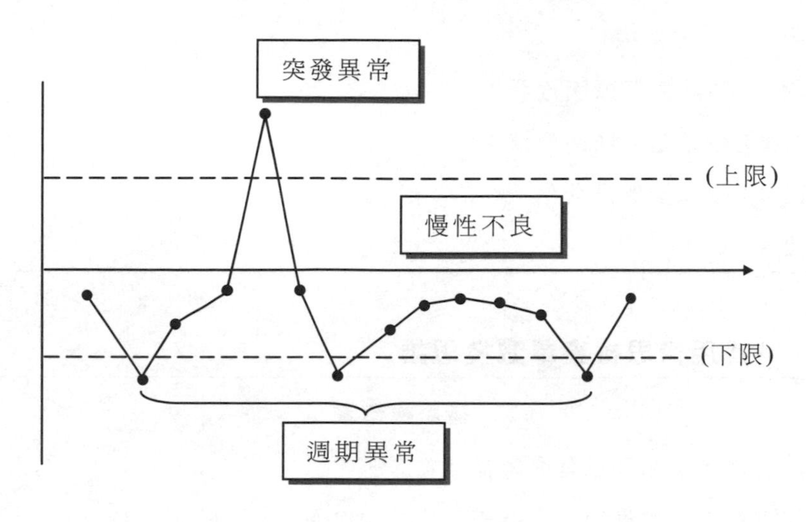

（四）研討對策的方法

研討對策——研討問題解決措施的方法

1.先制訂理想化的整體方案

整體方案：

<u>目標：停機時間爲：「0」！</u>

STEP-1：設備故障原因排除；

STEP-2：物流供應的流暢化；

STEP-3：零費時快速切換系統。

2.準備選擇和備用的多種方案

設備故障排除實施方案 1

目標：無故障停機

手段 1：現狀故障原因檢討；

手段 2：設備基本條件整備；

手段 3：故障診斷自動化；

手段 4：……

3.運用構思檢查單激發思維

構思檢查單

⑴能否排除（如果沒有會怎樣？）

⑵能否相反（如果採用完全相反的方法？）

⑶能否例外（如果著重在例外或異常情況）

⑷能否變化（如果只將一部份變化？）

⑸能否伸縮（如果放大或縮小，或兩者結合？）

⑹能否開合（如果分開再重新結合？）

⑺能否集散（如果集中起來，或分散開來？）

⑻能否加減（如果加減完成的內容？）

⑼能否換序（如果調換完成的順序？）

⑽能否區別（如果運用相互間的不同點？）

⑾能否替換（如果運用到別處或使用他物？）

⑿能否並行（如果同時來做，或串起來做？）

……

4. 運用集思廣益的腦力激盪法

圖 3-17　腦力激盪法

5. 選擇目前可實施的方案（見表 3-2）

表 3-2

方案	效果	可行性	影響度
案 1	◎	○	×
案 2	◎	◎	○
案 3	○	×	◎

6. 制定行動計劃（見表 3-3）

表 3-3

行動	第一月	第二月	第三月
××			
××			
××			
××			

（五）計劃實施的方法

計劃實施——落實解決方案的方法

⑴先行獲取上級的認同和支持；

⑵經過試行階段對方案調整；

⑶事先動員、知會相關人員；

⑷落實每個人的責任；

⑸跟蹤日程進度；

⑹及時處理意外情況。

（六）效果確認

效果確認——評價改善成果的方法

1.以改善目標爲評價基準；

2.量化的改善前後效果對照；

3.有形效果之外，關注無形效果；

4.留意並消除連帶的消極效果；

5.得失反省，不佳效果的再改善。

（七）效果鞏固

效果鞏固——穩定改善成果的方法

1.作業方法的標準化

⑴明確作業構成的步驟、方法、責任、關係。

⑵規定檢查項目的檢定、確認、警示、對照。

⑶通過培訓提高熟練度和作業素養。

2.技術規格的標準化

技術經驗的確實積累。

3. 改進內容的裝置化

徹底防止人爲的差錯。

4. 改善過程的交流

改善意識、技能的傳播。

5.「最好的防守就是進攻」

進一步改進。

四、作業工程改善四階法

作業改善四階法，就是將現場改善劃分成有計劃的 4 個階段。這 4 個階段不是 PDCA 改善循環，而是針對一線管理者的工作特點，以最有效地利用現有人力、工具設備和材料爲目的展開，被稱爲最適合一線管理者的改善手法。

第一線的管理者，一方面對本職範圍的工作細節、運行狀況和員工特點非常瞭解；另一方面又缺乏足夠的時間和能力去全盤展開改善工作。針對這樣的特點，作業改善四階法避開較大的設備、流程、系統改善，而以消除現有浪費，使作業更有效運行的方式，確保短期內獲得改進。

（一）第 1 階——作業分解

- 原封不動地記錄現狀作業方法，列出全部項目明細（項目明細：一步一步進行的作業動作）。
- 區分項目明細的類別：

——搬運作業

——機械作業

——手工作業

・摘錄作業中的狀態、條件和問題要點。

(二)第2階——項目明細設問

・進行5W2H適當性設問

WHY	爲什麼這是必要的?
WHAT	目的、對像是什麼?
WHERE	在什麼地方做更好?
WHEN	什麼時間做更好?
WHO	什麼人做最合適?
HOW	什麼方法更好?
HOW MUCH	耗費如何?

・進行4M條件配置設問

Machine(設備、機械、工具、儀錶):

・在最大限度使用嗎?

・充分利用運轉間歇時間嗎?

・測量儀錶是否有效利用?……

Method(方法、配置、設計):

・作業要求明確嗎?

・公差是否恰當、附加潤飾是否必要?……

Man(加工人員、搬運人員、檢查人員)……

Material(原材料、半成品、消耗用品)……

‧進行動作有效性和經濟性設問

動作要素分析
‧有效動作要素： 伸手、握取、移物、放手、裝配、拆卸、使用 ‧輔助動作要素： 尋找、選擇、檢查、持住、對準、定位 ‧無效動作要素： 休息、遲延、故延、思考

動作經濟原則
‧人體運用相關 ‧作業場所、設備相關 ‧工裝、夾具相關 ‧……

‧進行作業安全性、環境適宜性設問

作業安全
‧存在安全隱患嗎？ ‧有否正確使用安全裝置？ ‧……
作業環境
‧整理整頓是否有效進行？ ‧不良品放置……

（三）第 3 階——新方法展開

‧除去不要的項目明細；

‧盡可能連接項目明細；

・以更好的順序編排作業；
・對必要的項目簡單化；
・確保作業更安全適宜；
・借助協作的力量；
・記錄新方法的項目明細。

（四）第 4 階——新方法實施

・讓上級理解新方法；
・讓下屬理解新方法；
・徵得相關責任者的認同；
・新方法的推進與穩固；
・承認協助方的功績。

表 3-4　作業改善分析表

項目明細	作業分類	問題類別				改善開始日期	預計完成日期
		工作遲緩	失誤多	損耗多	其他		
工件移動	搬運	◎				×月×日	×月×日
工件裝夾	手工	◎			○	×月×日	×月×日
機械加工	機械			◎		×月×日	×月×日
工件清點	手工		◎			×月×日	×月×日
計量檢查	手工	○				×月×日	×月×日

註：◎表示較嚴重問題；○表示一般問題

五、現場作業 IE 七種手法

IE（工業工程）的英文全稱是 Industrial Engineering，它是綜合應用工程技術、管理科學和社會科學的理論與方法知識，對人、材料、設備的綜合系統設計並進行改善，以達到降低成本、提高品質和效益的目的。

現場作業 IE 的七大手法包括程序分析(流程分析)、動作分析、五五法與創意思考、生產線平衡分析、搬運分析、防錯(防呆法)分析和時間分析。

(一) 程序分析(流程分析)

第一種是程序分析，指通過調查分析現行工作流程，改進流程中不經濟、不均衡、不合理的現象，提高工作效率的一種研究方法。它是對整個生產過程全面、系統而概略的分析。

1. 程序分析的目的

⑴取消不必要的程序；

⑵合併過於細分或重覆的作業；

⑶改變重覆的操作程序；

⑷調整佈局，節省搬運；

⑸重組效率更高的新程序。

2. 程序分析的技巧

ECRS 四大原則指取消(Eliminate)、合併(Combine)、調整順序(Rearrange)、簡化(Simplify)，其實質是程序分析用於對生產工序進行優化，以減少不必要的工序，達到更高的生產效率。

ECRS 四大原則適用於任何作業或工序流程，通過分析和改善，從而找出最佳的作業方法和作業流程。其四大原則如下：

①首先考慮該項工作有無取消的可能性，如有必要取消，再取消不必要的工作環節和內容。

②如果該項工作不能取消，則考慮與其他工作合併。

③通過改變工作程序，重新組合工作的先後順序。

④經過取消、合併、重組之後，再對該項工作做進一步的簡化，提高工作效率。

3.程序分析的步驟

根據系統分析的方法，程序分析大致可分爲以下幾個步驟。

⑴選擇。選擇所需研究的工作。

⑵記錄。針對不同的研究對象，採用圖表對現行的方法進行全面記錄。

⑶分析。採用 5W1H 提問技術和 ECRS 四大原則進行提問，並分析。

⑷建立。建立集科學、合理、實用於一身的新方法。

⑸實施。實施所建立的新方法。

⑹維持。經常對新方法進行檢查，不斷改進，直至完善。

（二）動作分析

第二種是動作分析法，動作分析主要是分析人在進行各種操作時的身體動作，刪除無效動作，減輕工作強度，使操作更簡便有效，從而提高工作效率。

1.動作分析的方法

(1)目視動作觀察法

觀測作業全程，並將所觀察到的情況記錄在專用表格上尋找改進的工序，保證動作的經濟性。

(2)動作要素分析法

分解工作中的動作要素，檢討是否有浪費動作現象存在找出動作順序和方法存在的問題並加以改進。

(3)影像動作觀察法

通過錄影和攝影記錄作業的實施過程，重播影片進行分析找出操作人員動作上的缺陷。

2.動作分析的技巧

(1)減少動作次數

①取消不必要的動作，例：固定電烙鐵減少動作數、用定量容器取消計數動作。

②減少眼的活動，例：利用反射鏡和有機玻璃視窗減少眼的活動。

③合併兩個及以上的動作，例：合併兩個印章減少蓋印動作。

(2)雙手同時動作

①雙手同時開始和完成動作，在作業過程中，雙手不應同時空閒，例：雙手同時把元件插入電路板。

②雙手對稱、反向同時動作，例：用雙手對稱佈置工具物料。

③設計可用雙手操作的工具。

⑶ **縮短動作距離**

①操作時使用最適當的人體部位，例：使用手腕和手指完成操作。

②用最短的距離動作，例：縮小作業範圍，將工具、物料放在正常作業範圍內，利用重力與機械動力送進、取出物料。

③在夾具上做出斜度以便取用。

（三）五五法與創意思考

1. 五五法

五五法是指 5W1H，5W1H 指 Where(何處)、When(何時)、What(什麼事)、Who(何人)、Why(爲何)、How(如何)。

五五法表示對問題的質疑要多問幾次，不是剛好只問 5 次。它是一種尋求問題改善的系統化質問工具，現場管理者應熟練掌握此質問技巧，這樣可以幫助發掘問題的根本原因，找出創造改善途徑。五五法的質問技巧：

⑴對目的的質問：做了些什麼？是否可以做些別的事？爲什麼要這麼做？做些什麼較好？

⑵對工作順序的質問：什麼時候做的？爲什麼在當時做？改在別的時間做是否更合適？什麼時候做最好？什麼時候應完成？

⑶對地點的質問：在何處做？爲什麼要在此處做？在其他地方做效率是否更高？在什麼地方做最適宜？從那裏買？還有什麼地方可買等。

表 3-5　利用五五法創意思考

第一階段──瞭解對象	完成了什麼(What)
	何處做？(Where)
	何時做？(When)
	由誰做？(Who)
	如何做？(How)
第二階段──分析原因	爲什麼要這樣做？(Why)
	是否有必要這樣做？(What)
	爲何在此處做？(Where)
	爲何在此時做？(When)
	爲何要此人做？(Who)
	爲何要這樣做？(How)
第三階段──尋求對象	有無其他更好的成績？(What)
	有無更合適的地方？(Where)
	有無更合適的時間？(When)
	有無更合適的人？(Who)
	有無更合適的方法？(How)

⑷對有關人的質問：是誰做的？爲什麼由他做？是否可由別人做？誰最適合做這些事等。

現場管理者作任何決定前都要考慮有關時間、空間、人、物、方法的範疇，針對這些範疇深入思考，取得最佳的解決方法。

「5W1H」提問技術是指對選定的項目、工序或操作，從原因（何因）、對象（何事）、地點（何地）、時間（何時）、人員（何人）、方法（何法）等六個方面進行綜合分析研究，從而產生更新的創造性設想或決策。

2. 創意思考

五五法是分析和改善問題的基本方法，現場工作管理者還需要學會下列的創意思考。

⑴相反法則。將現在使用的方式倒過來做，即突破常規，結果會如何？

⑵並圖法則。將每部份分解，並嘗試重新組合，是否會產生意想不到的效果？

⑶大小法則。改變其形狀大小，影響是否會不同？

⑷例外法則。將日常發生的事物與偶然所見的事物作比較，其特殊之處在那？

⑸集合法則。將不同的工具結合到一起，使用者的功用及效果是否可以增加？

⑹更換法則。將事物的順序更換一下，效果是否會更好？

⑺替代法則。將現有方式用其他方式替代，結果會如何？

⑻模仿法則。參考現有的事物，融入自己的思考。

⑼水平法則。突破傳統及習慣上的束縛，由水平的方向去思考。

⑽定數法則。將經常發生的事物予以制度化，以產生許多簡化的效應，提高效率。

（四）生產線平衡分析

第四種是生產線平衡分析法。生產線平衡分析是運用工序分析、時間研究等手法，將生產的全部工序平均化，以達到消除作業間不平衡的效率損失以及生產過剩的一種研究方法。

1. 生產線平衡分析的步驟

⑴明確分析的對象和其工序的範圍；

⑵瞭解生產線的現狀，對生產線進行工序分析；

⑶分析生產線上各工序的工時

⑷制定各工序的作業節拍分析圖；

⑸計算生產線平衡效率與生產線平衡損失率的值；

⑹研究分析結果，制定生產線平衡改善方案。

2. 生產線平衡改善方法

現場管理者可把握各工序的作業時間之差，調整工序的作業內容進行平衡改善。生產線平衡改善時可遵循以下方法：

⑴合併相關工序，重新編排生產工序，作業時間較短的工序分解後合併到其他工序中，以縮短所需時間。

⑵改變作業人員的配置，可增加各工序的作業人員或調換熟練作業人員，以提高生產效率。

⑶分擔瓶頸工序的作業內容，對瓶頸工序進行作業改善。

⑷將手工改爲工具或機器，或改良原有工具，以達到提升產量，縮短作業工時的目的。

⑸提高作業人員的技能，可運用現場指導或定期培訓考核。

⑹調整作業時間，使作業人員完成作業任務，不必因多餘作業耽誤時間。

（五）搬運分析

第五種是搬運分析，搬運分析是以搬運距離、搬運數量和搬運方法爲分析對象，研究加工產品在空間放置的合理性的一種分析方法。

1. 搬運作業的原則

現場搬運作業，要遵循兩個基本原則：

⑴距離的原則：搬運距離的長短決定移動的成本高低。

⑵數量的原則：搬運數量的多少決定作業效率的高低。

2. 搬運作業的改善方法

現場管理者對搬運工作進行改善可根據以下 7 個方法考慮與分析，以達到提高搬運效率、減少搬運時間、節省人力、保證物品品質的目的。

方法一：減少不合理搬運作業。減少、合併和取消不必要的搬運作業，通過改善搬運作業，不斷提高工作效率。

方法二：提高人員的水準。定期對搬運人員進行操作訓練和安全教育，加強搬運人員的搬運水準和安全意識，保證操作人員安全、健康、舒適地工作。

方法三：優化設計存放器具。設計存放器具要符合定量、過目知數原則，重量要輕，保證能堆、能垛、能疊，能安裝吊環、凹槽、把手等。

方法四：加強集中搬運。可以成箱成批地進行單元化搬運，按照車輛時刻表備貨，減少搬運時間，避免等待和空搬造成的浪費。

方法五：保持產品擺放有序。要保證產品裝卸時擺放整齊，包括在箱子裏、小推車裏或托板上，同時注意產品在搬運前一般應集中裝入容器或車內進行存放，使之處於隨時可搬運的狀態，絕不能到處亂放，毫無章法。

方法六：使用搬運設備。在搬運時多使用搬運設備，減少手工搬運，提高自動化和機械化，如使用輸送帶、搬運車、機器人等來搬運，要提高貴重機械的利用率，平時注意及時進行設備的維修保養和更新改造。同時還要注意不宜讓技術人員從事搬運工作。

方法七：縮短搬運的路徑。縮短各工序之間的距離，減少搬運的中轉站，還要保證搬運通道暢通，避免走彎道和逆道。可以使用一些手段更方便貨物的移動，如拆門、拆牆或利用重力滑運式墜送。

（六）防錯（防呆）法分析

第六種是防呆法，防呆法又稱防錯法，顧名思義，是防止呆笨的人做錯事的方法，它使作業人員無須特別注意也不會失誤。此種方法應用範圍廣泛，在作業操作、產品使用和文件處理上都可看到。防呆法的優點是無須注意，即使因作業人員的疏忽也不會導致錯誤；不需要經驗和直覺，即使外行人一看即會；不需要專門知識技能，無論誰做都不會出錯；是標準化的一種高級應用形式。

2.防錯法的實施步驟

防呆法進行的基本步驟如下：

步驟一：發現人爲疏忽。現場管理者發現疏忽後，搜集相關資料進行調查分析，找出人爲疏忽的根本原因。

步驟二：制訂防錯法改善方案。現場管理者對發生缺陷的操作程序仔細研究，把每一步驟文件化，制訂防錯法的改善方案。

步驟三：實施防錯法改善方案。現場管理者召集作業人員，詳細說明改善方案內容、分派任務，對作業程序進行改進，如需相關部門協作，與相關部門負責人協商，共同完成改善方案。

步驟四：確認改善方案實施效果。現場管理者實施改善方案後，檢查是否達到預期效果，如果沒有，修改方案中相關程序，直到對防錯有效爲止。

步驟五：持續控制及改善。現場管理者要注意加強日常管理，不斷改善，若發生新問題時要能馬上處理。

3.防錯法的基本原則

現場管理遵循以下 4 個基本原則，可有效防止作業失誤：

⑴輕鬆原則。把難觀察的作業用顏色加以區分或放大標示，難拿的作業加上把手，難動的作業使用搬運工具。

⑵簡單原則。用工具與夾具，使新進作業人員操作高度技能與直覺的作業也不容易出錯。

⑶安全原則。裝設反應靈敏裝置，使作業人員在不太注意或無意識作業時可以保證安全。

⑷自動化原則。製作治具或使之機械化，減少人對於本身感觀的依賴。

（七）時間分析

第七種是時間分析，時間分析是採用某種測時器或記錄裝置對時間及產出做定量分析，找出作業時間利用不合理的地方並進行改善，從而設定標準時間的一種研究方法。

3.時間分析的方法

時間分析一般分爲直接觀測法和間接觀測法兩大類型，根據作業的類別和性質的不同，又可分爲碼錶法、攝影法、WF 法和 MTM 法。

⑴碼錶法。使用碼錶，將作業要素進行分解，多次觀測，將結果記錄，去掉異常值求平均值，再對作業時間進行改善。

⑵攝影法。將作業過程用攝影機錄製下來，再進行播放，根據攝影所記錄的時間進行時間分析與作業改善。

⑶ WF 法。把人的身體分爲七個部位，根據動作的部位，從 WF 動作時間標準表中查出所用身體的部位的時間，然後算成作業時間，設定標準時間。

⑷ MTM 法。將操作分解成基本的動作單元，共分爲伸手、搬運、旋轉、加壓、轉動、抓握、定位、放手、拆卸、眼動和身體動作等項，根據 MTM 時間表查出相應的時間標準，算出整個動作的標準時間。

第 4 章

全面進行現場改善

一、步驟一：尋找改善著眼點

1. 帶著問題看現狀

改善，不是很複雜的技術手段，只是人們平常不太注意，只要每個人專注於自己工作，用心觀察工作現狀，帶著懷疑的心態看待日常作業，任何可改善的地方就會暴露無遺！

(1)改善是從對工作的高度敏感中衍生出來的

通常當我們對作業過程中的某種現象發出「啊！為什麼會這樣」的驚歎時，就說明我們已經開啓了改善的大門。這種「啊」的驚歎，就是帶著問題對現狀發出的懷疑，也是形成改善的開始，但遺憾的是，大多數的現場作業人員僅僅是對現狀「啊」的一聲，就沒有了下文。因而也使的改善永遠停留在開始的階段。

在你工作的現場，是不是也有不少讓你感到奇怪的地方？

也許是你早已習以為常，見怪不怪，就認定沒有什麼問題存在，因而錯失了改善的良機？或者是你對現場的問題只是發出了一聲驚歎就沒有再去理會，從而使問題永遠處在被發現狀態？

⑵問題是從對現狀的期待和對實際情況的比較中發現的

先有一個作業的目標再和目前現狀實績相比較，有沒有問題就一目了然。一個沒有工作目標的現場作業人員，不可能對現狀進行改善。

2. 從作業中的無序和混亂處著眼

⑴事情做了不少，只是做事的步驟很混亂，效率不高。

⑵作業的順序常常變來變去。

⑶生產待料、待工、停機的情況經常發生。

⑷儘管作業方法進行了標準化，但是仍然無法保證相同的結果。

⑸明明知道怎樣去做，就是不想動手改善。

3. 對現場 4M 進行徹底的檢查

⑴人（Man）的檢查

①是否嚴格執行作業標準？

②是否有明顯的作業過失？

③是否具有問題意識？

④工作熱情是否高漲？

⑤工作能力是否充分發揮出來？

⑥工作技能及經驗是否豐富？

⑦是否習慣執行 5S？

⑧與其他人員的溝通是否良好

⑵機械、設備（Machine）的檢查

①是否滿足生產的要求？

②運行效率是否正常？

③調校工作是否規範？

④自主保全和專業保全體系是否建立？

⑤注油是否制度化？

⑥安全性能是否良好？

⑦設備的組合、排列是否合理？

⑧是否存在著設備不足或過剩情況？

⑶作業方法（Method）的檢查

①作業工序設制是否合理？

②作業標準是否隨著作業內容的變化而作了適當的修改？

③作業標準的內容與實際作業方法是否一致？

④作業前置時間是否合理？

⑤是否從效率上進行了改善？

⑥對不良品是否進行有效的管理方法？

⑦作業各工位之間是否連貫？

⑧作業安全是否制度化？

⑷材料（Material）的檢查

①品質是否能得到有效控制？

②庫存是否適量？

③出入庫檢查是否合理規範？

④進出庫方法是否科學？

⑤是否使用了更加便宜的材料來代替高價值的材料？

二、步驟二：現狀調查

改善，首先要從對現狀的調查開始。只有把握了現狀中存在的問題，才能著手改善。現狀調查的方式有許多種，現場最有效最常用的有：分析手法（量化細分、層別劃分），效率觀察法（5W2H），工程分析法（IE 手法），QC 現狀分析法（QC 七工具）四種。

1. 從不同的角度觀察現場工作

有些時候用正常的眼光去看待現場，不一定能發現問題，這時就需要換個角度來觀察，從過程看目的是正常的思維，從目的調查過程就是創新的觀察方法，則更容易找到問題。一旦發現問題所在，就必須針對問題的現狀來進行調查，從所搜集的資料中來加以分析。分析調查的目的包括了以下三個方面的內容：

圖 4-1

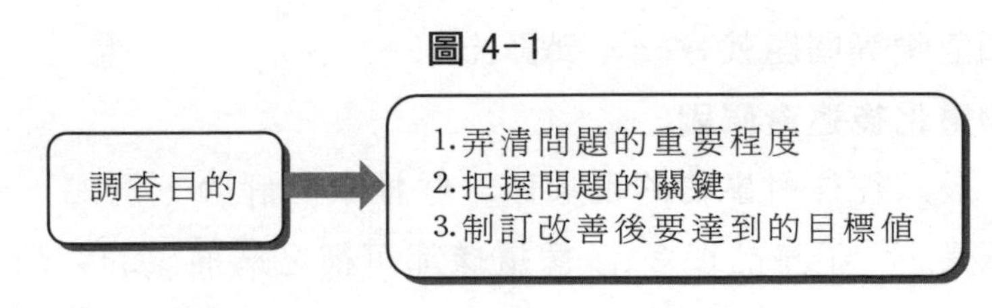

⑴分析現狀

從收集的資料當中，以全面的視角，瞭解該問題在某一工作範圍內的重要程度。

⑵找出問題的關鍵所在

抓住了問題的關鍵，就等於問題解決了一半。

⑶制訂改善後要達到的目標值

以改善所期望達到的效果來訂出一個目標值，現場作業者大多有過這種誤判的經歷，即對某個問題，往往會憑直覺而立即下斷言，到最後卻發現原來卻不是這麼回事。只有對問題進行分析與調查，才能夠掌握住解決問題的關鍵所在。

2. 儘量將問題細化、量化、層次化

⑴細分後再調查真正的原因

許多問題總是隱藏在現象後面的，用肉眼無法一下子看清楚。現場的多數問題也同樣具有隱蔽性，如果我們用一種不經意的態度看待現場浪費、不合理的地方，就會得出「本來就應該是這樣的想法」，這樣的話就談不上進行什麼改善了。但是，如果抱著懷疑的態度，去追查現場的不合理現象，那麼我們將會發現在日常的工作中仍然存在著許多待改進的問題點。

一個現場作業人員如果每天用 10 分鐘的時間來觀察現場工作情況，並將觀察的問題記錄並量化細分，那麼現場的浪費、不均和危險等問題就會一一暴露出來。

⑵量化後追查原因

一般人往往對事物的現象做一些抽象的評論，例如「停機時間很長」;「不良品很多」，像這樣都可稱之爲抽象的判斷，並沒有掌握問題的真正本質。

問題出在那裏？要找出真正的原因，應對問題的現象以量化、具體的方式來掌握。例如，設定不良率是 15%；停機時間 20 分鐘/日等等，這就是一種量化的數據，能直觀地得出工作的結果。

⑶從區別中來追查原因

在上例中，如果只知道停機時間 20 分鐘/日，不良率是15%，單憑定量的資料是無法查找到問題的核心。因此，需從現狀中加以正確地辨識，活用區別的手法，將設備的停機時間 20 分/日再區分出:「設備故障 10 分鐘/日」、「待料 5 分鐘/日」、「換機種 5 分鐘/日」，有了這樣深一層的瞭解之後，再逐一訂出具體的對策，如此一來，問題點將可輕而易舉的被解決。

3. 使用 5W2H 手法調查作業效率

在現場的作業人員最容易犯的錯誤就是對現狀認同，並採取滿足現狀的態度，事實上，針對現行的作業方法，我們應經常保持著這樣的疑問「爲什麼需要這樣從事作業？」「這種作業的目的是爲了什麼？」「爲什麼一定要這個人來作？」不斷地提問並詳細追究的調查方式就是「作業效率調查法」，也可稱作5W2H 法。如下表所示：

表 4-1　5W2H 法

區分	5W2H	內容	對策
對象	WHAT	1.現在是什麼情況？ 2.爲什麼會這樣？ 3.有沒有其他的辦法？	消除不必要的工作
目的	WAY	1.爲什麼必須這麼做？ 2.這樣做有什麼不好？ 3.是否還有其他的做法？ 4.如何做才能更好？	

續表

區分	5W2H	內容	對策
場所	WHERE	1.在什麼地方發生了問題？ 2.爲什麼會在這裏發生？ 3.別的地方會不會再發生？ 4.放在什麼地方才不會出問題？	對作業環境和順序進行重新的組合和優化
順序	WHEN	1.在什麼時候發生的問題？ 2.爲什麼會在這時發生？ 3.別的時間會不會發生？ 4.什麼時候做才不會出問題？	改變作業順序後再重新加以組合
人	WHO	1.問題究竟出在誰身上？ 2.爲什麼會發生在他身上？ 3.是否有別人可以代替？ 4.應該讓誰來做才不會出問題？	合理安排作業
方法	HOW	1.爲什麼會變成這個樣子？ 2.難道沒有其他的方法嗎？ 3.應該怎樣來做才好？	尋找出最佳的作業方法
經費	HOW MUCH	1.這樣做的話要花費多少錢？ 2.爲什麼要花費那些錢？ 3.如果進行改善的話，要花費多少？ 4.會不會白白浪費掉？	選擇最經濟的方法

4.分析作業流程內容的 IE 手法

IE 就是工業工程學，也叫工程技術。應用於現場改善中是指以加工製作的對象物爲中心，以結果爲目標，對製作的過程內容進行詳細的分析，以達到簡化作業步驟、優化製作流程、以最低的成本達到作業效果的目的。是現場改善中不可缺少的重要分析手段。下面以最常見的「炒飯」爲例，介紹 IE 分析法的改善效果。

⑴**改善前的炒飯的製作流程**

圖 4-2

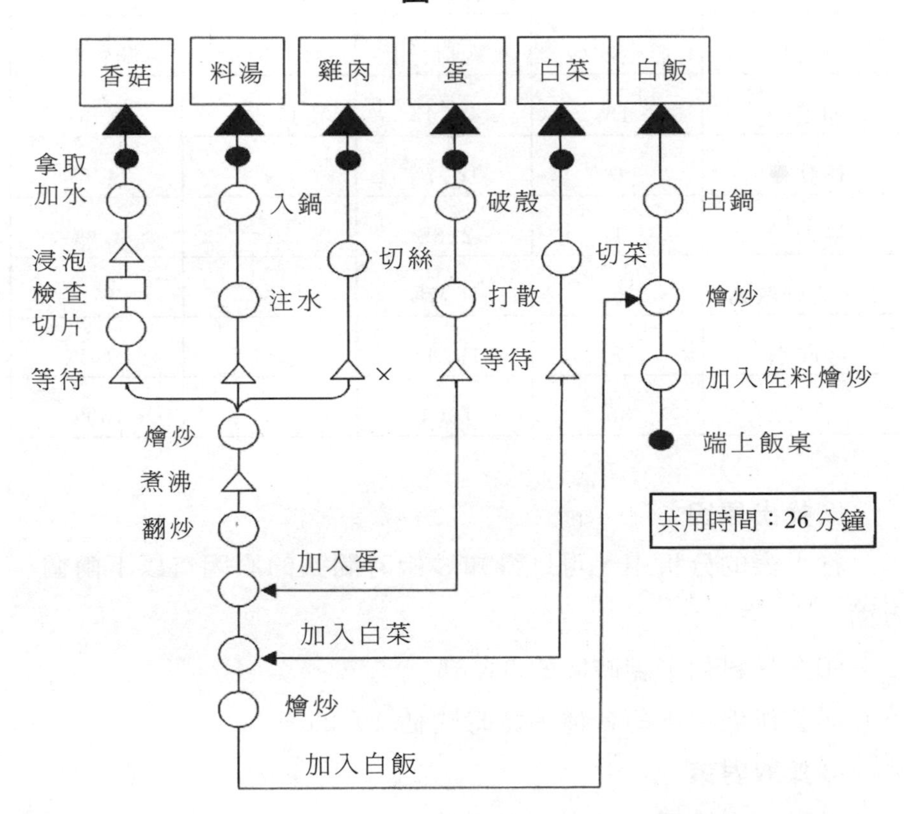

註：▲表示儲存 ●表示移動 ○表示加工 △表示停滯 □表示檢查

在上述對炒飯進行的加工工程分析中，可以很清楚地瞭解到工程分析的目的，其實就是爲了查明花費如此多時間的原因所在。從分析的過程中，我們可以看出除去必要的加工工作外，其他的如移動、等待等工序是影響炒飯時間的主要因素。如下表：

表 4-2　炒飯工序分析表

項目	發生次數	次數百分比	合計時間	時間百分比
加工○	16	44.4%	11 分	42.3%
移動●	6	16.7%	9	34.6%
檢查□	1	2.8%	1	3.8%
最初的貯藏▲	6	16.7%	—	—
停滯△	7	19.4%	5	19.2%
合計	36	100%	26	100%

⑵**找出原因**

從上表的分析中，可以得知炒飯時間長的原因有以下兩個方面：

①拿材料佔了總時間的 34.6%。

②製作過程中的各種等待時間佔 19.2%。

⑶**採取對策**

針對上述原因，可行的對策爲：

①小白菜要事先就準備好。

②在等待煮沸的同時，先去準備香菇、肉絲、雞蛋及白菜，以便於下鍋。

⑷**改善後的炒飯製作流程**

在下面的改善後的炒飯流程圖和分析表中可以清楚看出，實行上述的對策後，就能減少將近一半的時間。

圖 4-3

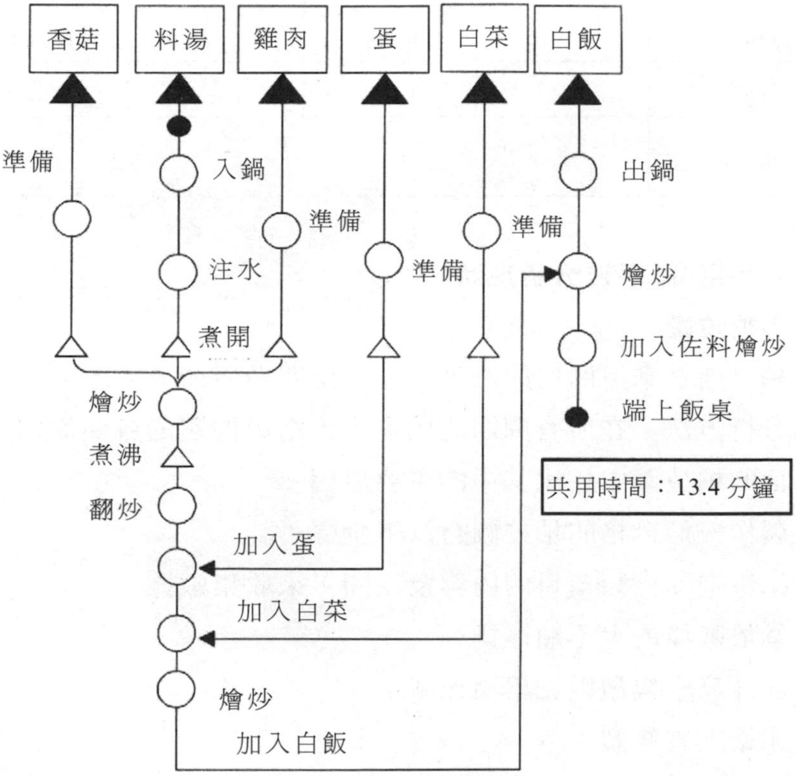

香菇　料湯　雞肉　蛋　白菜　白飯

準備　入鍋　準備　注水　準備　準備　煮開

出鍋　燴炒　加入佐料燴炒　端上飯桌

燴炒　煮沸　翻炒　加入蛋　加入白菜　燴炒　加入白飯

共用時間：13.4 分鐘

表 4-3　改善後效果分析表

項目	發生次數	次數百分比	合計時間	時間百分比
加工○	14	58.3%	9 分	67.1%
移動●	2	8.3%	3	22.3%
檢查□	0	0	0	0
最初的貯藏▲	6	25%	—	—
停滯△	2	8.3%	14	10.4%
合計	24	100%	13.4	100%
備註				

5.利用 QC 手法分析現狀

(1)柏拉圖

柏拉圖是掌握問題的原因，並明確問題所造成危害大小的一種分析方法。在所有問題的因素中，造成問題的各類原因可從下面的柏拉圖中找出其中的主要原因。

製作一份合格的柏拉圖有以下步驟：

①決定其分類項目的內容及期間，來收集數據；

②依數據的大小順序排列；

③計算出累積數和累積比率；

④繪出直條圖；

⑤畫出累積曲線；

⑥記入數據的歷史（時間、記錄者、目的等）。

圖 4-4

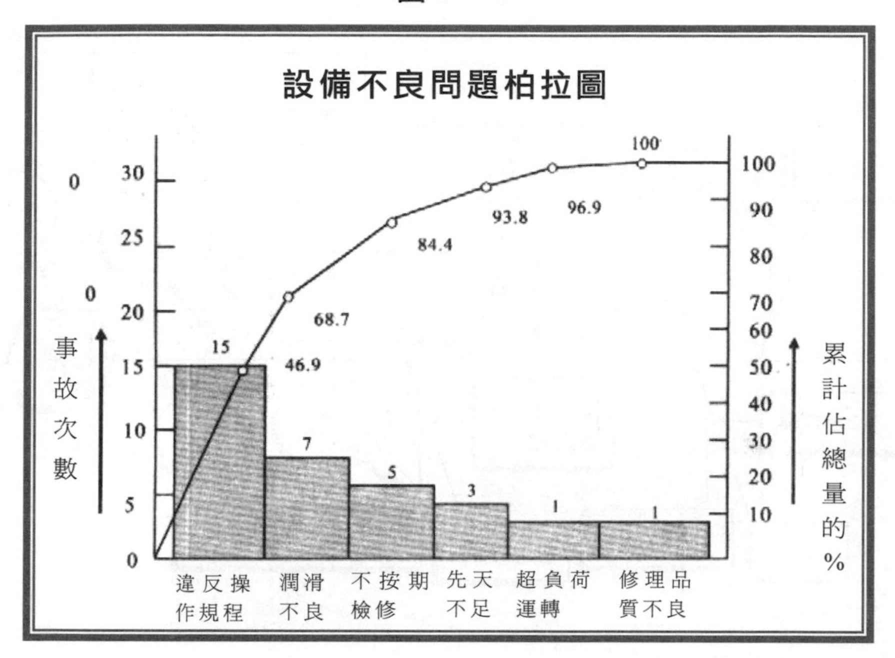

(2)**特性要因圖**

也叫魚骨圖，是將問題的原因進行系統化、層別化的一種分析工具。特性要因圖的特點是將問題的結果與原因之間的關係用層別化的方法在一幅圖上表示出來，以達到主次分明，逐項對策的目的。製作一份合格的魚骨圖有以下步驟：

①確定其品質特性（問題點）內容，並記入在箭頭的右方；

②共同來研討出其要因爲何；

③綜合大家的意見，將它分別予以細分，並記爲中要因、小要因

④圈選出重要項目，以作爲下一回研討時的標題。

圖 4-5 魚骨圖分析實例

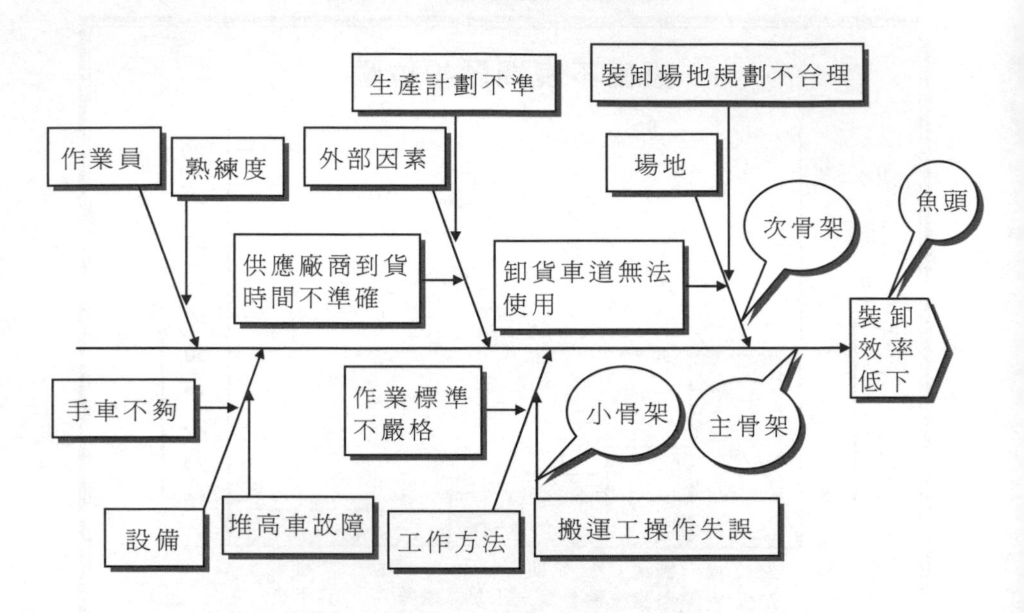

(3)**直條圖**

直條圖的作用是讓雜亂的數字變成可以閱讀的直觀形象，通過不同長短不同顏色的柱形線條來使各種變化中的數據達到一目了然的效果，是現場改善中分析歷史數據來源的工具。

製作一份合格的直條圖有以下幾個要點：

①從各種複雜的數中找到相關點，能體現數據的總體趨勢；

②顯示在直條圖上的數據要一目了然；

③數據的排列選擇的線條要適當，看起來清晰，區別明顯；

④能從圖表中直觀地體現問題的結點所在。

圖 4-6　直條圖實例

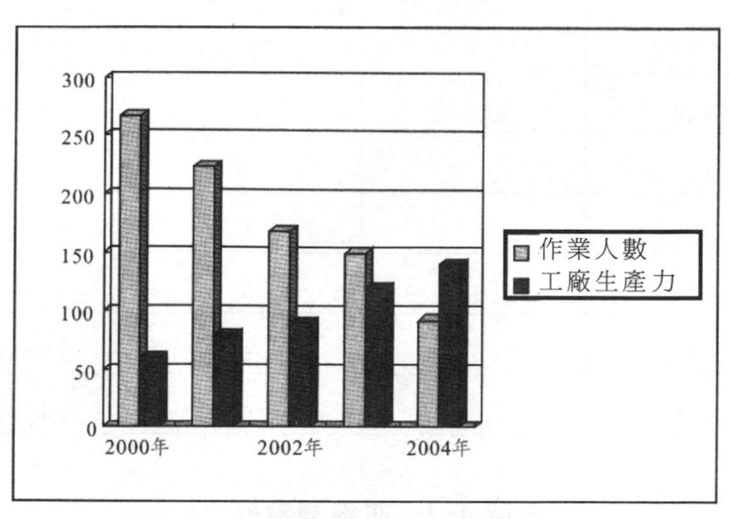

⑷**檢查表**

檢查表是收集原始數據的工具，再配以曲線圖就能直觀地體現作業的好壞程度和一段時間以來的指標走向。

其目的是對作業過程的量化管理，同時對不良情況及時採取對策提供依據。

製作一份合格的檢查表有以下幾個要點：

①數據資料要及時、正確、不間斷地進行收集；

②對收集到的數據要進行整理；

③檢查的內容、次數等不能有遺漏；

④檢查表必須要配合曲線圖一起使用。

表 4-4 五號車床停機檢查表

檢查內容	檢查次數	次數合計	所花時間
漏油	正正正正	20	80 分鐘
刀具斷裂	正正	10	45 分鐘
報警燈損壞	一	1	10 分鐘
漏電	正	5	30 分鐘
回油道堵塞	正一一一	8	50 分鐘
其他	正一	6	20 分鐘

圖 4-7 曲線圖實例

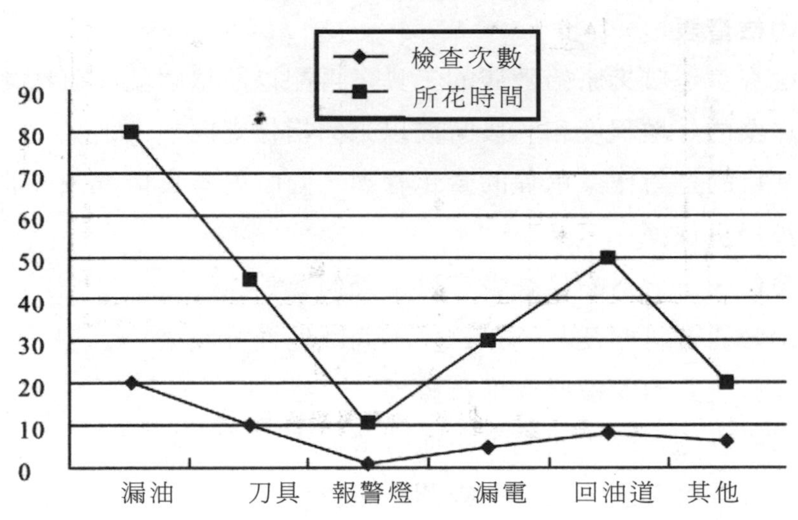

⑸**散佈圖**

散佈圖是用來表示一組或幾組相關數據之間的相互關係的圖形。所謂相關數據就是一組數據的好壞是衡量另一組數據好壞的依據的這一類數據，這類數據之間存在著管理上的關聯性。例如下圖所示，工廠設定的不良指標是以生產力指標爲依據的。當生產力指標爲 10 時，不良品爲 1 箱，作業人員應爲 20 人，這時生產力指標、不良品箱數、作業人數就是一組相互關聯的數據，爲了管理上述三個指標相互之間的關係是否按工廠設定的目標狀況在運行，就有必要制定散佈圖（見 4-8 圖）。

圖 4-8　散佈圖實例

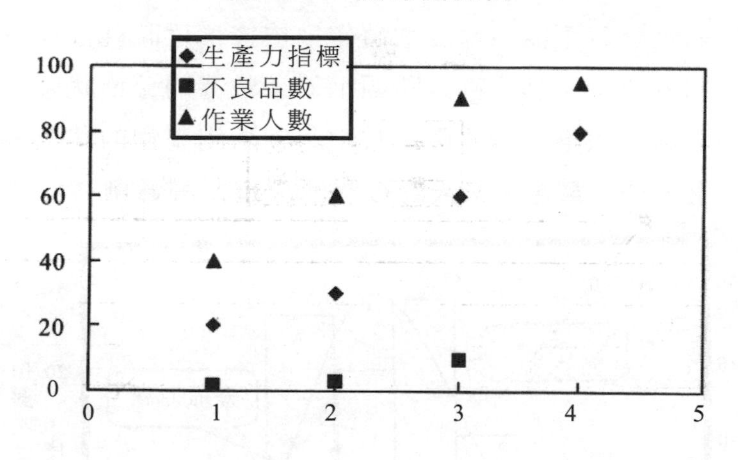

散佈圖的製作方法有以下幾點：

①收集對應的相互關聯的數據（A、B、C）。

②運用 OFFICE 辦公軟體，在 WORD 或 EXCEL 插入圖表選項中選擇散佈圖，在數據表中填入相應的項次和數據即可。

③定期更新數據表中的數字。

④查看各組數據之間的相關點，是異常或是正常。

(6)**直方圖**

在進行數據分析中，平均值的分析比較重要，但是如果不能正確應用，僅僅應用平均值會讓我們犯錯誤。有時候以平均值來判斷工作情況，會出現誤差，例如說，河水平均深度是 1.4 米，一隊要過河的士兵平均身高是 1.7 米，在這個平均身高中有些士兵身高是 2 米以上，而有部份士兵身高在 1.4 米以下，如果這時按平均值來判斷，顯然這隊士兵徒步過河是不成問題的，但是實際情況是身高超過河水深度的士兵會順利過河，而身高低於河水深度的士兵就會有危險。因而在這種情況下要想作出正確的判斷就不能採用平均值作為依據。這時就得採用直方圖來作為分析的工具，直方圖顯示的是數據的分佈狀態，它的功能是能在一大堆的個體數據當中，判斷出整體的狀況。

圖 4-9　某產品某天的板材厚度直方圖實例

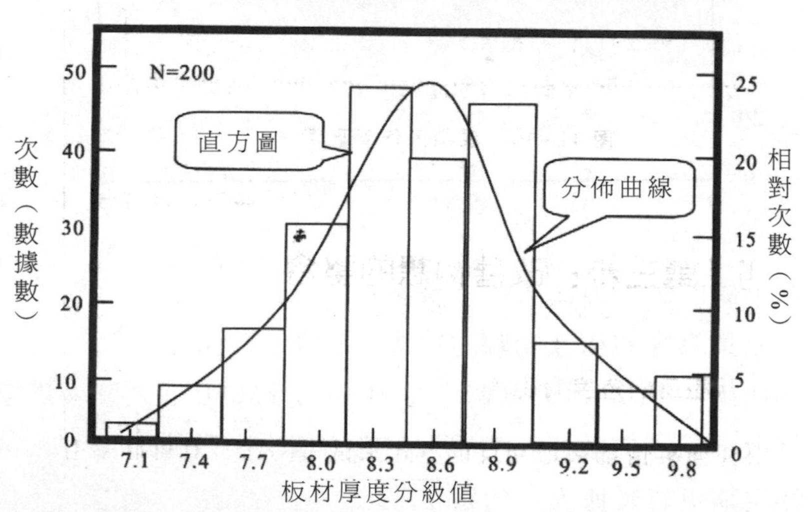

製作一份合格的直方圖有以下幾個要點：

①收集全部個體的數據；

②從全部的數據當中，找出最大值和最小值；

③計算出組數和組距；

④求出各組的中心值；

⑤作次數分配表，並將它連結成爲直方圖。

⑺**管制圖**

管制圖是通過對數據指標上下限的界定，從圖中顯示指標是否正常以方便作出判斷的一種現場改善工具。管制圖多用於對品質的管理分析和日常工作管理等方面。

圖 4-10　現場工作管理管制圖實例

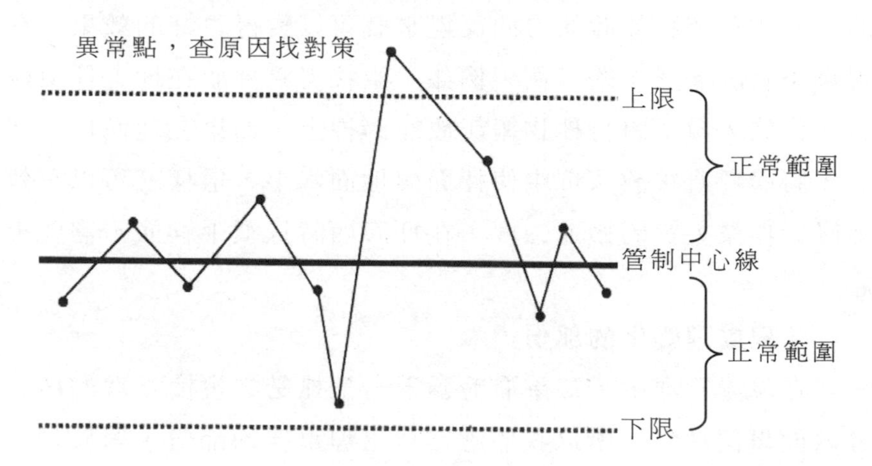

管制圖的作用主要有以下幾點：

①調查工作或品質發生異常的原因點所在，以確保管理指標的正常狀態；

②從圖中反映的異常點上尋找改善的機會；

(3)可以明確地判斷改善的結果好壞；

④從點的分佈狀態，可以迅速地判斷異常。

三、步驟三：改善構想的整合

1.從相反的角度看現狀

對任何事情都採取相反的方式來試做的話，有可能會有好的設想。例如我們通常放掃帚時一般是掃帚尖朝下放置，時間一長掃帚尖容易折彎。如果我們反過來將掃帚尖朝上放置，就不會發生掃帚尖折彎的情況。可見習慣的做法不一定是合理的。我們只需將放置的方向反過來就可以獲得更好的效果。在現場中有許多這樣的事例，例如，直接將磅秤放在地上秤東西時，作業人員要將待秤物搬起放在磅秤上，如果在地面挖一個坑，將磅秤直接放入坑中使秤面與地面水平，這樣就可以有效地降低作業人員的搬運強度，在秤東西時只須平移而不需要搬起。

2.只處理變化的部份

在現場管理中，如果眉毛鬍子一把抓勢必會使管理的精力分散而事倍功半，所以我們應當只管理重要的部份，對於習慣化、制度化了的部份放手，不必要進行分析和調查，只須掌握住有變化的地方，將會比調查全體還獲得更好的效果。如果變化的部份和固定的部份混在一起的時候，就要先將它們區分開來，然後分析變化部份從中尋找改善的切入點。

3. 適當的組合與分離

所謂組合，就是把功能相近或性質相反以及有因果關係的事物，歸爲一類將它們組合在一個系統中，從系統的特性上觀察各組合要素的運行情況尋找新的改善思路。

其次是分離，正好和組合相反，是將一個大系統中的若干功能要素從功能、作用、性質方面分離出來，使它們獨自運行，會出現新的改善構想。

4. 適當的集中與分散

將現場中性質相同的工作進行集中，可以提高作業的效率。如果採取相反的方法，把複雜的工作按性質分拆開來，各自進行的話，就會使作業變得簡單起來。

5. 對問題放大或縮小

如果找到的問題太過微小的話，就說明你已找到了問題的根源。所以我們應該更加認真對待細小的問題，不妨將小問題擴大化。擴大上千倍來看，會找到解決的最佳途徑。

6. 調換作業的順序看一看

那怕作業的順序在目前看來多麼的順暢，也要持懷疑的態度，不妨調換一下作業的順序，重新組合一下工位來看一看，也許會有好的想法出來。

7. 找到共同點與差異點

在現場作業中幾乎所有的工作都具有相關性，從這些相關性中歸納出相同點，可以是目的相同，也可以是機能相同，再在這些相同點上尋找改善的方法，也許能夠獲得更好的設想。

另外，所有相同的物品，或多或少都有不同的一面，所以在相同的事物中找出其不同的特性進行改善，也不失爲一種創新的思維方式。

8. 看看能不能代替

對現場的作業原料、用具常常進行能否替換成更廉價、更方便更實用的物品的思考，是進行現場改善最簡單的方法之一。

9. 能否排除

在改善的同時不要固守改善的思路，看看那些工作可以從根本上排除會起到更大的效果。例如人們常常想盡一切手段來改善庫存狀況，不如想辦法從根本消除庫存。

10. 能否附加或剔除

對設備附加安全裝置會低減安全事故，這就是附加帶來的好處對多餘的部件或工作進行剔除也是低減浪費的一個手段。

四、步驟四：實施改善方案

1. 尋求上司的支持與認可

改善提案的成功實施離不開上司的支持，向上司報告改善方案內容，聽取意見，不是對上司的表面上的尊重行爲，而是因爲上司站的角度不同，會對改善提案的不足之處看得更清楚，能指出現場人員不可能預見的問題。同時在實施的過程中不斷向上司報告改善的進度和執行過程中的問題，可以更加及時有效地推動改善的完成。有了上司的支持和參與，實施改善的難度會縮小，成功的把握則會增加。

2.做好事前的準備工作

改善所有的物品、工具等須事前作好妥當的安排，不要等到已經進行改善實施時才發現缺東少西，使改善不能按計劃完成，影響改善的進度和效果。

3.規定每個人的工作內容

參加改善實施的人員要明確分工，按改善計劃的階段，將每一段的工作分給具體的人員來負責，同時嚴格要求完成時間和遵守改善的實施方案。一個看起來十分複雜的改善方案，如果分拆落實給每一個人的話，就會顯得簡單起來，從而也爲最終實現改善的效果，樹立了信心。

4.制訂改善實施日程計劃表

將改善實施過程細化，明確改善週期和具體到每一天所作的工作均應一一列明，製成改善實施日程計劃表，以看板的方式在公司或部門內部揭示出來。如下圖所示：

5.實施過程中出現的問題及時處理

在改善的過程中往往會出現許多事前預想不到的困難和問題，這是正常現象。這時決不能逃避，要積極應對，及時處理。必要時可以尋求外部門的支援和技術人員的幫助。

6.接受上司及下屬的建議

在實施改善的過程中不要自滿，要知道任何高明的改善都不可能百分之百地完美，多聽上司及下屬的建議會幫助改善趨向完善。

圖 4-11

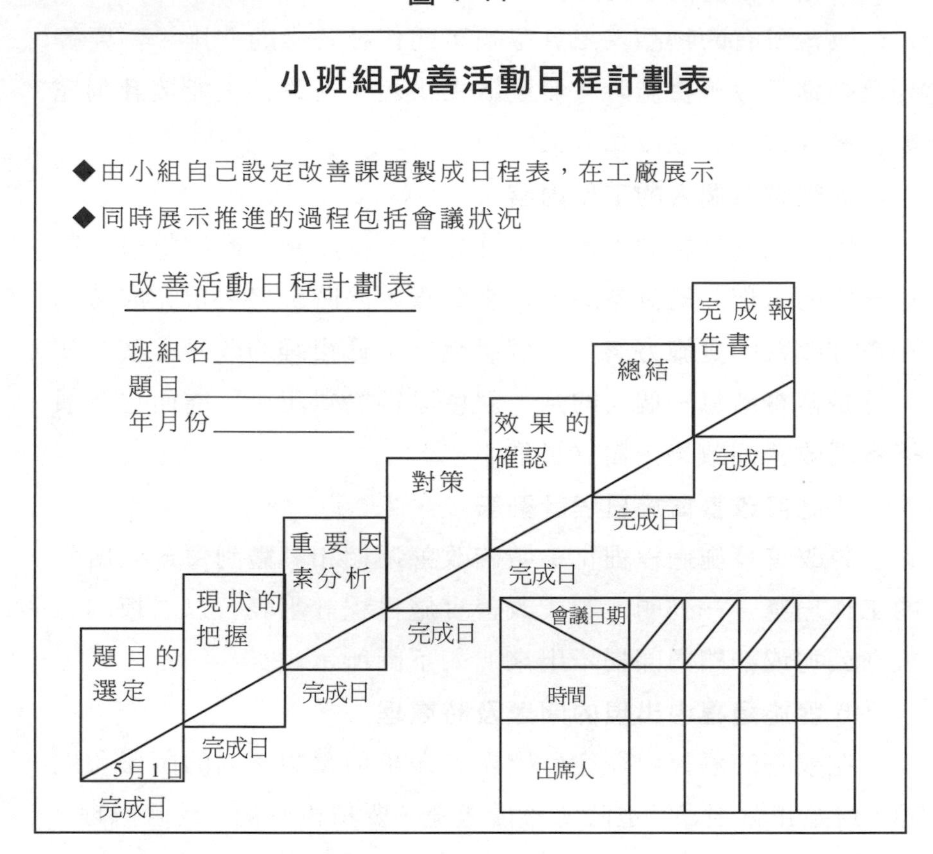

五、步驟五：確認改善效果

1. 確認的目的是為了發掘新的改善

一項改善實施完成後，如果只是總結成果不進行再思考，那就會失去改善的真正意義：因爲改善的原則是持續進行，所以改善完成後除了總結成果還要想法維持並從獲得成果的基礎上尋求更進一步的改善，也就是在現有的經驗基礎上發掘新的改善方法，這才是現場改善者應有的態度！

2. 發掘新改善的方法

改善是持續進行而且是沒有止境的，一項改善成功後在保持良好的效果的同時就應該向另一個新的改善設想挑戰！因爲改善就是對現狀的不滿足。發掘新改善的方法有以下幾點：

⑴有良好的構想時，馬上把它記下來。

⑵爲了改善工作，要多提提案。

⑶從身邊的工作開始改善

好的構想經過研究具體化，便是一個好的提案。最好先從你身邊開始，你的工作你比誰都清楚。因此，有關你的工作，你可以隨時提出改善辦法。以自我提問的方式從身邊的工作開始改善吧！

①對於我目前的工作，有沒有更好的辦法？（提出問題）

②換一種方法做會怎麼樣？（提示辦法）

③這樣做結果會不會變得更好？（發表成果）

3. 發掘新改善的步驟

發掘新改善除了上述的方法以外，要想提出更多的新提案還必須按以下的步驟進行。

⑴**第一步：使問題清晰化**

就是弄清楚應該要解決的問題是什麼？要讓它一目了然地顯現出來。如果問題既龐大又複雜的話，不妨將它分解成數個小問題，而且使問題簡單地表現出來。

⑵**第二步：使條件明朗化**

爲瞭解決問題，事前必須調查有關的一切事情或條件，這些條件會左右問題解決的方法。

⑶**第三步：多方面收集解決的方法**

爲瞭解決問題，應該設法收集所有解決的方法，然後進行分析再從中找出最佳的解決方法。

⑷**第四步：換換腦筋**

大家都有這樣的經驗：老是埋頭思考某一個問題，會越想越沒有辦法解決，這時不妨將它暫時放置在一邊不去理會，換換腦筋，去思考完全無關的問題，也許會在思考另外事情的過程中，輕易地解決問題。

⑸**第五步：做好評價工作**

收集改善辦法時，不要對所收集的改善辦法輕易進行評價，但是，在形成提案時，就必須對改善的方法進行好與壞的評價。

心得欄

第5章

從生產線佈局加以改善

生產和服務設施佈局是企業經營管理中的一個常見事項，它對提高企業生產運作效率、降低成本有著十分顯著的作用。尤其對正處於高速發展中的企業來說，隨著經營規模的擴大、產品生產線的增加，使得廠房規模在不斷擴大，新設備、新設施也在不斷購入，如何重新佈局成爲困擾經營者的「頭疼」問題。

一、佈局必須是理念先行

現在，許多企業都以「做同類產品中性價比最高的企業」爲經營理念。雖然說這樣的理念十分明確，但僅僅明確經營理念還不行，企業還要將經營理念細化，用具體的數據去落實。

一個企業有了清晰、快捷的資訊流指揮系統，再加上能啓動內部物流的工廠佈局，就可以大大縮短企業內部生產從投入到完成的時間。不過，這僅僅是從狹義的方面理解「縮短生產實物流時間」。

對於「縮短生產實物流時間」的評估，在推行精益生產（JIT）的企業裏面，一般用材料回轉率（或稱週轉率）、製造週期（Lead Time）、成品回轉率三個指標來衡量：

①材料回轉率

計算公式：

材料回轉率＝月末庫存材料金額÷下月使用材料金額

研究材料回轉率的目的是爲了評價材料啓動程度，控制材料積壓，減少資金壓力。它的計算週期可以用年或週來統計。

國內企業一般是由財務部門以年爲週期計算，沒有把它作爲一級管理指標，僅作爲一個普通財務數據對待。而世界一流企業一般以月（常用）或週爲統計週期，把回轉率當作與銷售額、成本、利潤同樣重要的一級管理指標，要求採購與生產計劃部門在平時就把這個指標作爲監控點。

②製造週期

研究製造週期的目的是爲了縮短生產用時，快速應對市場，不斷降低在製品數量，減低資金佔用率。

③成品回轉率（或稱週轉率）：

計算公式：

在製品回轉率＝月末在製品庫存總金額÷每日出庫成品金額

研究成品回轉率的目的是爲了評價成品啓動程度，控製成品積壓，減少資金壓力。

上述三個指標，反映了供應商→企業→客戶或者客戶→企業→供應商的整個供應鏈（SCM）的靈活性、資金的流動性，以及企業把資源轉換爲產品的效率。

二、先要進行現場分析

現場分析和現場改善是分析和解決問題的重要手段。改善是一種經營理念、一種方法和工具。事實上，許多獨特的日本式管理方法如：TQM（全面品質管制）、QCC（品質管制小組活動）、CIP（不斷改進過程活動）、TEAM（小組工作法）等都可以濃縮成一個辭彙——「改善」來表示。改善追求的是比現狀更好、成本更低、效率更高、品質更好、交貨期更短的目標。這個目標是循環往復、永無止境的。

⑴**流程分析**

分析那些技術流程不合理，那些地方出現了倒流，那些工序可以簡化和取消，那些工序必須加強控制，那些需要加強橫向聯繫等。技術流程和工作流程好比是企業的經脈，中醫雲：「通則不痛，痛則不通。」凡是身體有問題的地方，不是淤血，就是受風，或是麻痹，需要從總體上調理，來「活血、化淤、祛風、理氣」。對於企業管理來說，也同樣如此。

有個企業設置了一個工廠，把倉庫放中間，第一台設備加工之後把零件送到倉庫裏，然後再取出來，由第二台設備進行生產加工。這樣的安排是不合理的，因為它走了重覆的路線，好比脈絡不通，淤血。如果把第一台設備加工完的零件直接連到第二台設備上繼續加工，就能提高效率。

⑵**環境改進**

改進生產、工作環境就是指在滿足生產、工作需要的同時，爲了更好地滿足人的生理需要而提出改進意見。

有些企業的環境只能滿足生產的需要，而不能滿足人的生理需要。噪音、灰塵、有害氣體、易燃易爆品、安全隱患等所有這些不利於人的生理、心理因素都應該加以改善。

⑶**合理佈局**

技術流程圖上看不出產品和工件實際走過的路線，只有登高俯瞰，也就是從公司技術平面佈置圖上去分析，才能判斷工廠的平面佈置和設備、設施的配置是否合理，有無重覆和過長的生產路線，是否符合技術流程的要求。

⑷**確定合理方法**

在作業現場，似乎每個人都在幹活。但是，有人幹活輕輕鬆鬆、利利索索、眼疾手快，三下五除二，兩三個動作做完一件事；有人卻是慢慢騰騰、拖拖遝遝、拖泥帶水。研究工作者的動作和工作效率，分析人與物的結合狀態，消除多餘的動作，確定合理的操作或工作方法，這是提高生產效率的又一重要利器。

⑸**落實補充方法**

分析現場還缺少什麼物品和媒介物，落實補充辦法。其中重要的一項是工位器具。

現場除了設備、工裝和產品以外，還需要有工位器具。如果沒有這些東西，現場就會混亂不堪。設計工位器具是一門學問，要動腦筋。工位器具主要有五個功能：保護產品或工件不受磕碰或劃傷，便於記數、儲存、搬運，有利於安全生產，使現場整潔，提高運送效率和改善工作條件。如圖 5-1 所示：

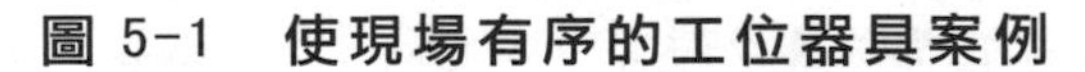

圖 5-1　使現場有序的工位器具案例

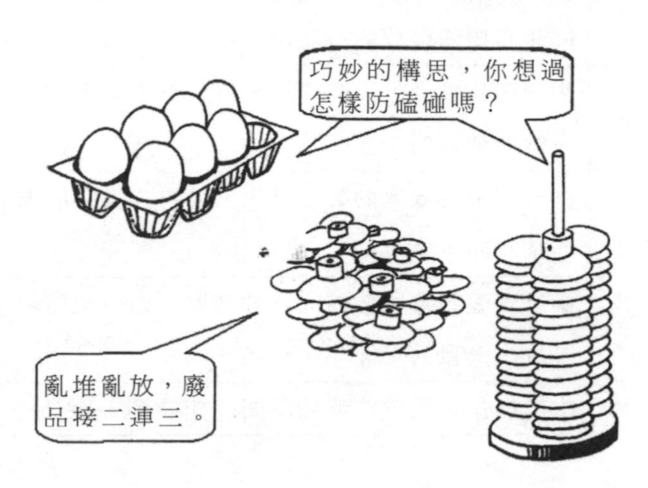

在某生產排風扇的工廠裏，排風扇的葉片竟然滿地亂放。電扇葉片屬於精密部件，葉片稍有損壞和變形，就會出現風扇噪音過大的狀況。經專家提醒，這個工廠設計了一套工位器具，葉片生產出來以後可以整齊地套放在工位器具上。由於有了工位器具，現場混亂的狀況得到了改善，而且通過工位器具可以方便地計數。所以管理現場就是把不規則狀況變為規則狀況；使存放零亂的零件存放整齊。我們應該多想想市場上儲存雞蛋的托座，雞蛋那樣脆弱，都能得到最好的保護，由此，可以啟發我們設計出更實用的工位器具。

⑹**時間分析**

有效組織時間是生產順利進行的必要條件。生產過程中的時間包括作業時間、多餘時間和無效時間。如表 5-1 所示：

表 5-1 生產組織時間表

<table>
<tr><td rowspan="5">產品的生產週期</td><td>作業時間</td><td>A</td><td>包括各種技術工序、檢驗工序、運輸工序所花費的時間和必要的停放等待時間，如自然過程時間</td></tr>
<tr><td rowspan="2">多餘時間</td><td>B</td><td>由於產品設計、技術規程、品質標準等不當所增加的多餘作業時間</td></tr>
<tr><td>C</td><td>由於採用低效率的製造技術、操作方法所增加的多餘作業時間</td></tr>
<tr><td rowspan="2">無效時間</td><td>D</td><td>由於管理不善所造成的無效時間，如停工待料、設備事故、人員窩工等</td></tr>
<tr><td>E</td><td>由於操作員造成的無效時間，如缺勤、廢品等</td></tr>
</table>

①作業時間

包括各種技術加工的工序、檢驗工序、運輸工序所花費的時間以及必要的停放時間和等待時間，還包括鑄造的自然時效（指爲了消除鑄造應力而放置的時間），這些都是合理的、必須要用的時間。

②多餘時間

包括由於產品實際技術規定和品質標準不當而增加的多餘時間，這是屬於領導和技術人員指導失誤造成的；還包括由於採用低效率的製造方法而延誤的時間。

③無效時間

包括由於管理不善造成的無效時間，例如停工待料、設備事故、人員誤工；也包括由於操作工人責任心不強、技術水準低造成的缺勤、出廢品等。

一家光學生產廠家，開發的新產品很走俏，但是成品率很低。在培訓中，顧問師對他們說：公司實際有兩個工廠，一個工廠生產成品，另一個工廠專門生產廢品，成品和廢品分別佔生產總量的 41%和 59%！廢品超過成品。只有堅決關掉廢品工廠，成品工廠才有希望！

由案例，我們可以看出生產管理的任務是：

第一步，提高人的素質，去掉無效的時間；

第二步，改進技術、加強管理，把多餘的時間去掉；

第三步，精益生產，對作業時間進行改進。

生產組織可以改善的時間和空間都很大，工廠在這方面大有潛力可挖。

三、現場診斷的五個重點

現場診斷的重點是搬運、停放、品質、場所和操作者的動作分析，這五個方面構成了現場分析的主要內容。

⑴**搬運**

搬運這一環節至關重要，佔整個產品加工時間的 40%到 60%，現場 85%以上的事故都是在搬運過程中發生的。

⑵**停放**

停放的時間越長，無效工作就越長，這純粹是一種浪費。

⑶**品質**

分析產品有那些品質問題，產生的原因和解決對策是什麼。

⑷場所和環境分析

分析場所和環境是否既能滿足工作和生產需要，又能滿足人的生理需要。

⑸操作者的動作分析

分析那些是有效動作，那些是無效動作？要減少操作者的無效動作。

四、常見的四種佈局

佈局是指爲實現高效率生產，安排企業或某一組織內部各個生產作業單位和輔助設施的相對位置與面積，以達到人與物的合諧，更是爲了啓動企業內部物流，縮短生產組織的時間，使企業空間利用最大化。輔助設施包括機械設備、原材料放置、倉庫、檢驗場所、貨物的出入口、通道、消防設施等。

1.什麼情況下要進行佈局分析

⑴生產規模變化

由於生產規模擴大、產品數量增多，或者生產規模縮小、產品數量減少，從而必須改變工序，增加或減少設施時。

⑵新產品導入、新設備導入

由於新產品投入生產，或者是引入了新技術和新設備，導致必須對原有工序進行變更時。

⑶生產方式變更

由於管理理念進步，發現原有生產方式陳舊，需要打破舊的生產方式時。例如，隨著「柔性生產方式」理念的逐步深入，近年來世界一流企業紛紛淘汰僵化及固定成本很高的生產線。

⑷**減少內部物流浪費**

由於受工廠整體佈置的影響，存在大量搬送、物流不暢等情況，要求對生產現場進行改善時。

2.**集約式佈局**

即將同種技術的設備、工序集中在一起的佈局。例如，將衝壓集中在一起，形成衝壓工廠；將注塑機集中在一起，形成注塑工廠；將表面處理設備集中在一起，成立專門的表面處理工廠等。集約式佈局是以機械設備爲中心的佈局方式，又稱功能式佈局或機械中心佈局（見圖 5-2）。

圖 5-2　集約式佈局

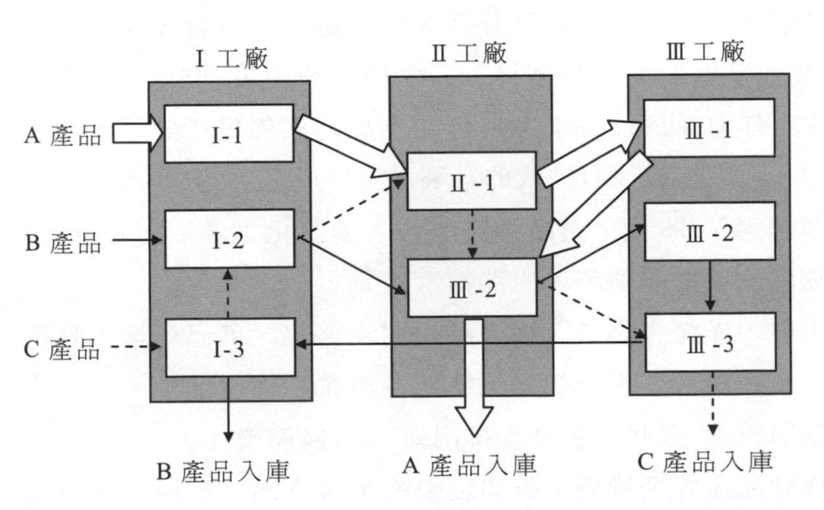

(1)**優勢**

優勢一：單一設備組成工廠，易於現場指導，便於員工迅速掌握技術。

優勢二：機械故障易排除。

優勢三：可同時生產的產品多（但最終完成的時間長），設備故障對生產造成的影響不會太大；對管理的精度要求不高，因而對管理人員和技術人員的要求不會太高。這個優勢對於那些目標不高或是成本要求不高的企業來說剛好對路，但對有更大抱負的企業來說卻是個缺陷。

(2)**缺陷**

缺陷一：在製品多，生產時間長，佔用面積大。

如圖 4-2 所示，該佈局分爲 3 個工廠，共 8 台設備，每個設備都需要兩個物料放置區——待加工放置處、已加工放置處，總共有 16 個物料放置區；再加上集約式佈局一般還會設立中間庫，用來存放沒有完成的在製品（半成品），使得物料放置區遠遠超過了 16 個。這就是典型的「濁流化生產」的表現。

缺陷二：搬送路徑、內部物流複雜。

上圖中僅僅畫出了 3 種產品的物流路線，就已經讓人眼花繚亂。不難想像，實際的物流運作會複雜到何種地步。

缺陷三：「孤島」生產安排困難，設備停機多。

從產品流程角度看，每個設備都是孤立的，如同大海中的「孤島」，什麼時候做什麼產品，都需要事前通知到每一個設備操作人；同時，每種設備的技術不同、生產用的時間不同，使得管理變得相當複雜，經常會出現停工待料、中途中斷的現象。

缺陷四：品質不合格的成本高，經常會導致產品多做的現象。

一個工序全部完成才轉到下個工序，萬一後工序返工造成不良產品出現，再回到前工序生產就會降低設備效率、延誤生產時間、提高生產成本。因此，爲了儘量減少這種情況，企業一般先對後工序的不良率進行預計，然後採取前工序多生產的方式。例如，如果預計後工序的不良率爲 3%，則前工序按照 4% 多做。但如果實際的不良率低於 4%，相當於增加了生產成本。

缺陷五：技術單一，不易解決問題。

對工人與管理幹部的技術要求單一，不利於員工技術水準的提高。一旦出現品質問題，就需要請其他技術全面的人員來解決。

3. 流程性佈局

即按產品的技術流程來決定機械設備的佈局，又稱技術中心佈局，如裝配流水線（見圖 5-3）。

⑴優勢

優勢一：物流順暢，生產時間短，停滯少，佔用面積少。

在流程性佈局中，只有當兩個產品需要同一個設備生產時，該設備才需要設置物料放置區。如圖 5-3 所示，我們只需要在設備 I-1、I-2、I-3、Ⅱ-2、Ⅲ-3 旁邊設置放置區，也就是只需要 10 個待加工物料區和加工後物料放置區，這樣至少就減少了 6 個放置區。

圖 5-3 流程性佈局示意圖

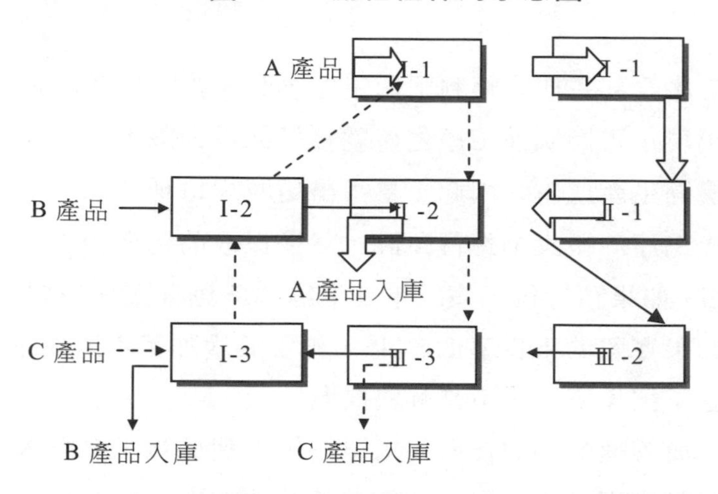

優勢二：搬送距離短。

所有設備在一個工廠，設備之間用滑板連接，大大縮短了物料需要搬送的距離（見圖 5-4）。

圖 5-4 設備之間用滑板連接實例圖

優勢三：品質不合格的成本低。

流程性佈局在進行產品生產時，特點是加工一個、傳遞一個、檢查一個，一旦產生品質不良現象，能夠馬上發現、馬上處置，因而不會帶來很大的損失，降低了品質不合格的成本。

優勢四：集中管理，簡化管理控制點。

流程性佈局的管理人員可以同時管理數條生產線，他的工作重點在於各生產線的最慢工序，即「瓶頸工序」。這樣，在突出管理重點的同時又縮減了管理範圍、降低了管理難度，最直接的好處是便於生產計劃與安排。在集約式佈局中需要給每個「孤島」設備、工序下達指令，並且要計數，是許多企業頭疼的事，但在流程性佈局中只需制訂關鍵工序（或「瓶頸工序」）生產計劃，記錄關鍵工序（或「瓶頸工序」）的數量即可。這樣管理人員在生產安排上不需要花太多時間與精力，而只需關注於降低成本、提高品質與效率的工作上。

⑵**缺陷**

缺陷一：難以適應生產品種的變化。

傳統的流程性佈局，一條生產線只能在製造完一種產品之後才能再製造另一種。而當產品品種過多時，產品換型（換模）便會給對企業帶來極大的浪費。

缺陷二：受中斷影響的波及面大。

一旦某個工序出現中斷，該流程便會全部中斷。

缺陷三：流程效率取決於最慢設備。

最慢設備的效率決定了整個流程的效率，這會使其他設備的效率降低。

應該指出的是，從生產角度看，第三個缺陷恰恰是個優點。如果企業的生產計劃是根據銷售需求以最慢工序（瓶頸工序）能力來安排生產，其他工序與最慢工序同步準時生產，既能保證準時交貨，又能不留庫存，實現整體效率最高、成本最低。如果企業一味提高非「瓶頸工序」的效率，只會是徒增人工費、材料費、水電費而已，讓非「瓶頸工序」保持最大效率是沒有任何意義的。流程性佈局的優勢與集約式佈局相比，更體現在資訊流上（見圖 5-5、圖 5-6）。

圖 5-5 集約式佈局的資訊流

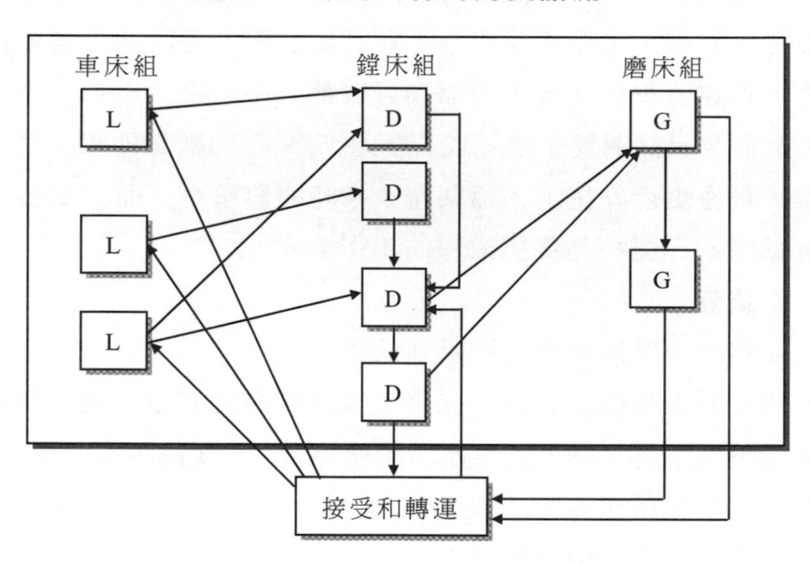

圖 5-6　流程性佈局的資訊流

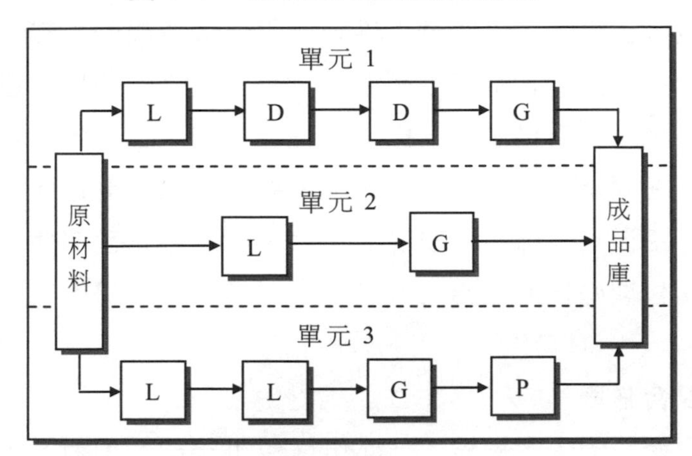

4. **固定佈局**

即以產品爲中心，產品固定不動，人、材料、設備均圍繞產品來佈局（見圖 5-7）。採取這種佈局，很多情況下是因爲產品體積龐大笨重、不易移動，而只能保持產品不動，例如飛機、運載火箭、船舶製造、樓房建設等。

圖 5-7　固定佈局示意圖

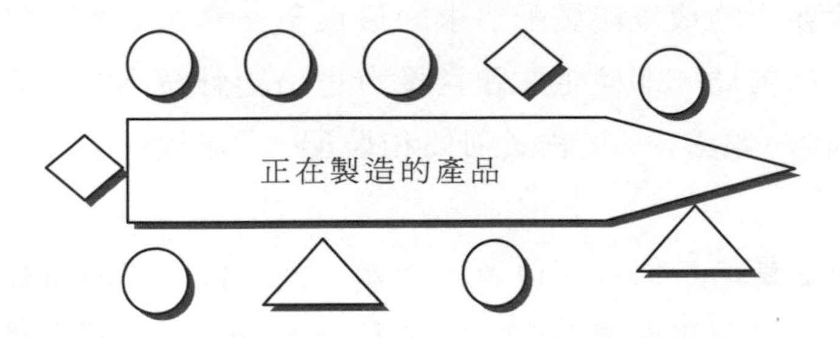

對於特大型產品採用固定佈局，既避免了因產品移動而帶來的移載設備投入，又避免了移動所需巨大空間的投資。實際上，特大型產品的各單元生產並不見得全是固定佈局。特大型產品的各單元生產仍然可以採用流程性佈局，等待各單元完成後，最終在固定佈局的產品上實施總裝。例如三菱電梯，它們的工廠採用流程性佈局，按規定工序生產出各單元部件，然後將各單元包裝好後運送到大型建築（如機場、樓房等）上再整體安裝。

5.**混合佈局**

某些產品的生產過程，一部份採用了集約式佈局、一部份採用了流程性佈局或者固定佈局，這樣的佈局稱之爲混合佈局。

例如，汽車發動機的生產過程，在豐田的工廠裏都是採用流程性佈局，但國內企業卻採用了集約式佈局與流程性佈局相結合的混合佈局。原因是，豐田工廠沒有翻砂、壓鑄等工序，以裝配爲主，將極少數壓鑄好的工件再精加工，所以可以採用流程性佈局；而國內企業既要製造零件又要負責裝配，由於翻砂、壓鑄要求的環境與裝配要求的環境不一樣，如果非要統一採用流程性佈局，即使企業願意投資也是絕難辦到的，所以只能採用翻砂、壓鑄——集約式佈局和裝配——流程性佈局的混合佈局。

其他這樣的事例還有很多，例如，五金件的生產過程既有機加工工序又有表面處理（如電鍍等），很顯然，要將電鍍與機加工連成流程性佈局是不現實的，因爲電鍍過程需要汙水處理等設施而機加工不需要。

6. **流程性佈局**

在以上四種佈局中，從降低生產運行成本、減少建築物等固定成本佔用的角度來看，流程性佈局無疑是最好的一種基本佈局方式。我們先看看一些實際案例。

某汽車輪轂製造企業，在 3A 顧問師的指導下將以前的集約式佈局（見圖 5-8），改善爲流程性佈局（見圖 5-9）。

圖 5-8　某製造業的工廠佈局（改善前）

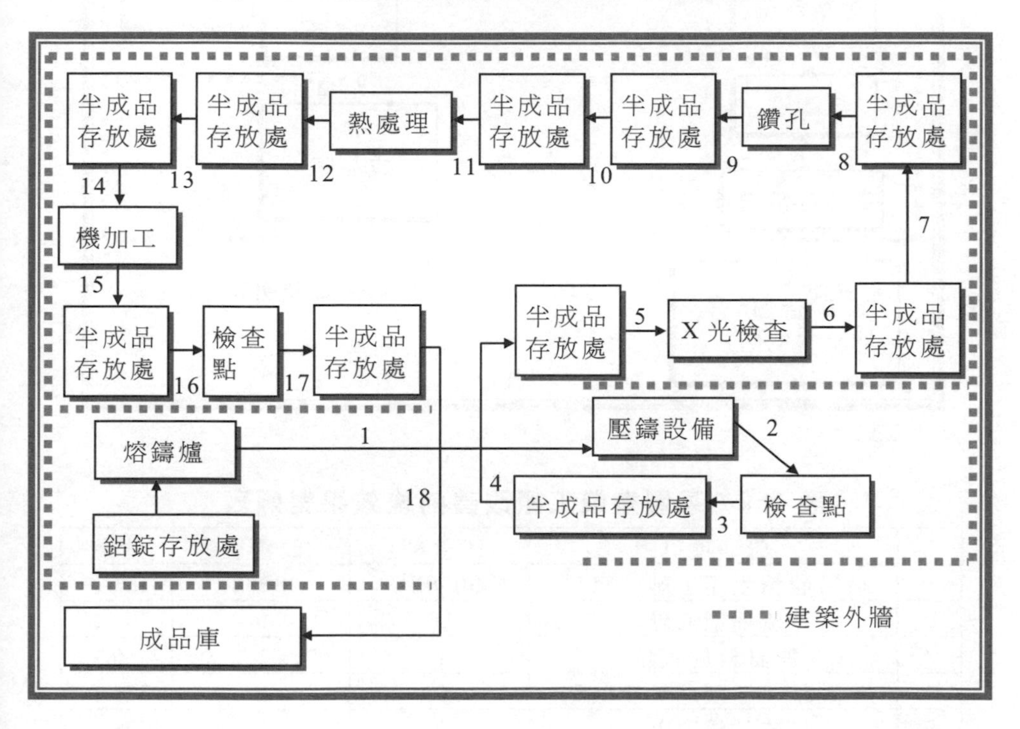

圖 5-9　某製造業的工廠佈局（改善後）

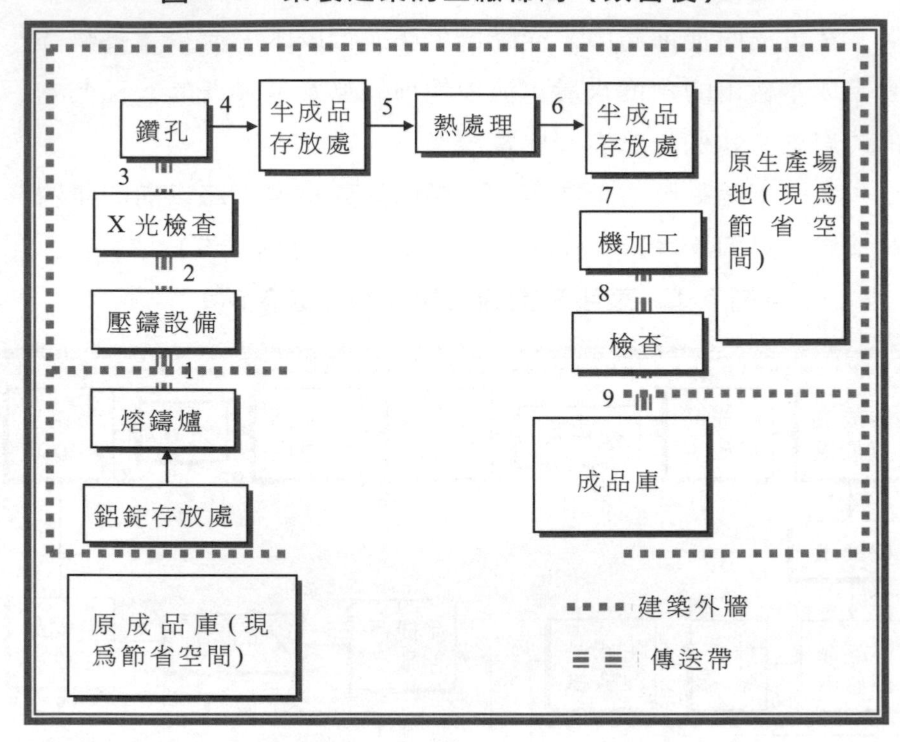

表 5-2　某製造業工廠改善前後效果對照表

№	管理項目	改善前	改善後	效果
1	佔用面積生產工廠＋庫房	9000M²	4800M²	46%↓
2	流程環節點	18	9	50%↓
3	原材料放置點	1	1	0
4	半成品（在製品）放置點	9	2	77%↓
5	成品放置點	2	1	50%↓
6	投入到完成製造時間	6 天	37 小時	74%↓
7	4 班人員會計	（30 人×4）120 人	（24 人×4）96 人	20%↓

由此可見，改善後的流程性佈局給該企業帶來了多麼顯著的變化，不僅縮短了生產流程又節約了生產成本，從而大大提高了企業效率，增強了企業競爭力。

對國內一些知名材料生產廠進行診斷，這些鋼、鋁、銅加工廠基本上採用的都是集約式佈局，其貴重的在製品在工廠內有許多存放處，常常是在製品金額佔了工廠年營業額的 1/10～1/6。如果這些企業能採用流程性佈局，就可將在製品金額減少至年營業額的 1/50～1/30。

這就意味著，如果一個年營業額 30 億元的企業，當採用集約式佈局時，在製品金額約爲 3～5 億元；當採用流程性佈局時，在製品金額只佔 0.6～1 億元。而且，當企業按照期貨市場金額購入材料時，材料成本的差異不大，誰的生產時間短、資金週轉快，誰的利潤就高。由此看來，佈局合理與否完全可以上升至企業競爭戰略的高度來認識。

目前的問題是，很多國內企業缺乏創新的勇氣，一遇到佈局改善，往往卻步不前。某世界 500 強企業工作時，該企業規模每年以 30%～50%速度增長，但廠房卻一直未曾擴大，只是每年都要進行大的佈局調整 2～4 次，而且每次調整都能實現改善的目標。

總而言之，只有在不斷創新變化中才能鍛造一個人、一個企業！一成不變的企業只能裹足不前，最終會被激烈的市場競爭所淘汰。

在不斷變化的市場經濟中，企業一定要牢記「守者亡，變者存」的警句。

五、柔性的生產佈局

多品種、小批量生產，利潤越來越薄是製造業面臨的發展趨勢，企業接到客戶訂單後再組織生產是降低風險的有效策略。而一味地建造高大的工廠、購置龐大的設備、建立僵化的生產線反而會阻礙企業向多品種、小批量的生產方式發展，因爲這些東西使固定成本增加、生產週期變長、庫存難以掌控。管理者不斷超時工作卻仍然力不從心，怎麼辦？唯一的辦法就是建立一種靈活的製造流程，讓企業能像橡皮筋一樣有彈性，這就是柔性生產。

柔性生產是在 20 世紀 90 年代中期提出來的一種生產方式，目前以汽車業的豐田、通用，IT 製造業的戴爾電腦，OA（辦公室自動化）製造業的理光、佳能等企業做得比較成功。雖然十年來這些企業的銷售額不一定比行業平均水準高，但利潤率卻明顯高於行業平均水準許多倍。

柔性生產包含的內容很多，在這裏我們僅從佈局的角度來說明柔性生產的特點。一般來說，柔性生產主要包括以下幾種方式：

- 混合生產；
- 固定＋變動生產；
- 細胞（cell）生產；
- 小推車式生產；
- 一人生產。

這裏講述前三種方式。

1. 混合生產

即不同型號的產品在同一場所、同一生產線上同時進行生產。

如果一個經銷商同時需要多個（假設 8 個）型號的產品，而且要求裝在同一運輸車輛上出貨；而你的工廠只有兩條生產線，同時只能生產 2 個型號。如果要等所有的型號完成後才安排出貨，那麼先完成的成品就變成了庫存品。對於一些體積大、金額高或者價格變化快的產品來說，這樣的生產方式成本高、風險大。這時，採用混合生產的佈局方式就可以較好地解決此類問題。

不同型號的產品在一條生產線上生產，同時進料、同時組織生產、同時出貨。當產成品能裝滿一個車輛時，便馬上安排車輛出貨。這樣，不僅滿足了客戶的要求，又縮短了生產時間，降低了庫存，加快了資金週轉率，提高了企業抵禦產品降價風險的能力。而且，這樣的佈局方式還可以根據客戶的需求隨時變更生產，以滿足多層次的客戶需求，這種隨時變更的回應時間可以用小時爲單位來計量。

混合生產對不同品種之間的生產平衡、物料與工具的擺放、工裝夾具的設置、人員的素質等要求都會比較高，這就需要企業有更加細緻的對應方法。不同類型的產品有不同的方法，在此不一一列舉出，但有兩點應該指出：一是，過於單一功能的高自動化設備是實施混合生產的障礙，因爲如果要讓設備自主識別不同的產品，然後自主變更功能是個很難的事情；

二是，要對每一個工序都進行詳細的討論，把制約因素逐個排除。這並沒有一般人想像的那麼難，相反，這正是鍛鍊和培育管理人員最好的方法——實戰鍛鍊人。

在一流的企業中，像豐田等很多年前就開始採用這種佈局方式。

目前，如通用、本田等企業也都採用了混合生產的佈局方式，例如，在通用汽車的生產線上，別克商務車、凱越等車型都在同一條生產線上混合生產。

正是這種方式，使得通用和本田在廠房與設備等的固定成本的支出上遠低於其他企業，因此這兩家企業總是率先把汽車價位拉低，同時又能躋身利潤率最高的企業行列中。生產佈局的優勢是它們參與競爭的有力武器。

2. 固定＋變動生產

⑴固定、變動共存的柔性生產方式，其基本思路是在對未來市場進行預測的基礎上，將生產量分爲基本量及變動量兩部份，區別對待。即：

生產量 M＝基本量 χ ＋變動量 α

企業可以將基本量 χ 設定爲固定不變的生產線，而將變動量 α 設爲一個可靈活變動的生產線。

例如，某產品預測市場需求量爲每月 3000 台以上，於是企業將 3000 台/月的生產量設爲一個固定不變的生產線，每日產量＝3000 台÷20 日＝150 台/日。當月產品訂單爲 3600 台時，月產 3000 台/月（150 台/日）的固定生產線不變，再追加一個每月 600 台（30 台/日）的變動生產線。當每月產品訂單爲 4000

台時，固定生產線仍然不變，只需將變動生產線從 30 台/日變更為 50 台/日即可。

固定＋變動的生產方式的優點是，不管每月產量如何變化，始終都只是一個局部在變化，這樣使得企業對市場需求變動的反應更加快速。變動生產線可以採用和「細胞」生產一樣的，由簡易作業台組合而成的流水線。

⑵在固定＋變動的生產方式中，高額的工裝夾具（組裝、測試、調試等）採用專用工序，檢查線互通。

為了減少投資，由高額的工裝夾具完成的單元（元件）以專用工序方式向兩條生產線提供。若是屬於需要很多高額檢查測量儀器的較複雜的產品，兩條生產線的檢查線也應該合併，以減少高額檢查儀器的投入。

還以某產品預測市場需求量為每月 3000 台以上（150 台/日），它的固定＋變動生產線佈局如下（見圖 5-10）。

圖 5-10　固定+變動生產方式

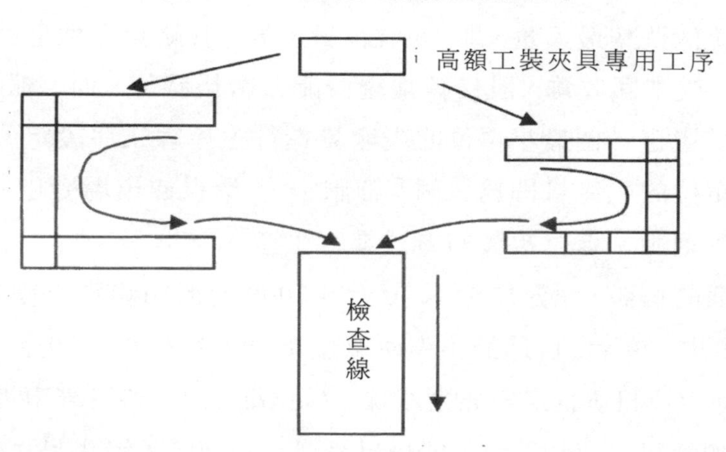

⑶變動生產線的人員配置一般以一人生產方式爲宜。

變動生產線經常面臨市場變化的考驗。爲了減少（或者避免）每次市場變動時，變動生產線要重新設定工序或者是改變生產線人員承擔的工作內容而導致生產量出現「爬坡」等現象，企業一般對變動生產線採用一人生產方式，即一人將產品從頭組裝到尾。

因此，企業應將優秀人員配置到變動生產線上，並且在薪水上體現出對優秀人員的鼓勵。同時，在固定生產線中，注意發現和培養優秀人員，時常讓這些人員到變動生產線去鍛鍊。當生產量增加時，將新員工配置到固定生產線，將固定生產線上已培養出來的優秀人員調往變動生產線，這樣企業在應對市場變化時就會更得心應手。

3.「細胞」生產

如果某產品預測市場需求量爲每月 1000 台～3000 台，即每日產量爲 50 台/日～150 台/日。企業應該如何佈局呢？

傳統做法按最大量，即 150 台/日佈局。其結果必然是固定投入大、成本回收難，設備經常處於能力富裕狀態。而「細胞」生產則是選定一個最小單位的生產量進行生產線工序設定。這個最小單位的生產量即爲一個「細胞」，企業根據市場變化，採取對該「細胞」進行複製的方式進行生產。

前面的假設，面對每月 1000 台～3000 台的市場需求變化，企業可以以 50 台/日爲最小生產單位（月產量約爲：50 台×20 日＝1000 台/日）設定一條生產線，稱爲細胞 1。若將來市場需求量增加到每月 2400 台，則每日產量＝2400 台÷20 日＝120

台/日。此時，生產線將細胞 1 以同樣的方式複製一個細胞 2(工序設定、人數、工夾具等完全相同)，就可實現每日 100 台的生產量，再通過安排晚上或週六加班 36 小時（每月合計），即 4 天的工時，就可以滿足每月 2400 台的市場需求了。

但是，在上述的事例中，企業還必須解決兩個關鍵問題，否則依然無法迅速應對市場之需。第一，我們設定的「細胞」生產線必須是投資少，而且是工廠內一般作業者（無需特殊技能）在 1～3 日內就能安裝完畢；第二，生產線的人員必須能夠迅速增加，並且經過訓練、合格上崗。只有這樣，企業才能依據市場的變化迅速複製「細胞」生產線，否則只能像自動化流水線一樣，無法迅速應對市場之需。

由於「細胞」生產線投資少、簡單、易安裝，生產線使用的物料可以反覆利用，因此，它是可以按企業設想自由組合的、簡單的生產線。世界一流企業，如新力、松下、NEC、理光、佳能、先鋒等，已經淘汰了智慧化的流水線、機器人、機械等，採用了「細胞」式生產方式。

六、佈局的經濟性原則

佈局理念、形式與柔性生產方式從整體上決定了一個企業的佈局思路。在具體佈局過程中，我們還必須詳細分析具體物料、產品、設備、區域等對象之間的關係，然後確定它們的具體位置，以保證生產現場的實物流、人流、資訊流等達到效率最大化。爲此，我們必須遵守佈局的經濟性原則，作爲佈局的規劃者和實施者，這些基本原則必須熟記於心，時刻指導佈局工作。

1. 相鄰原則

物料、在製品、產品和人員流動較多的部門或設備應該相鄰（見圖 5-11）。

圖 5-11　相鄰原則佈局示意圖

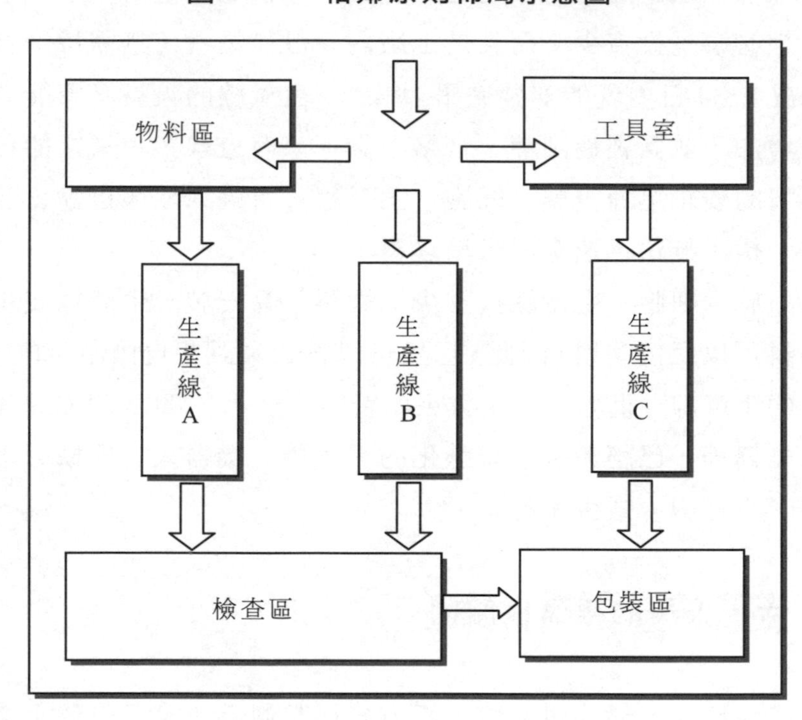

2. 充分利用立體空間原則

一般廠房的高度均有 4～6 米，而物料區的堆積高度僅為 1.6～1.8 米，空間沒有得到充分利用成為一種普遍的浪費現象。其實，對於原材料、零件等物料的放置，我們可以採用貨架或是增加夾層來活用立體空間。例如，我們用多層貨架來放置輕型管材與棒材，中間留有通道，頂層用行車移動，其餘用人工移動（見圖 5-12）。在使用立體空間放物品時要注意符合易拿易放的原則。採用貨架放置物料時，一般要配置有高度升降功能的電動堆高車。

圖 5-12　立體空間利用示意圖

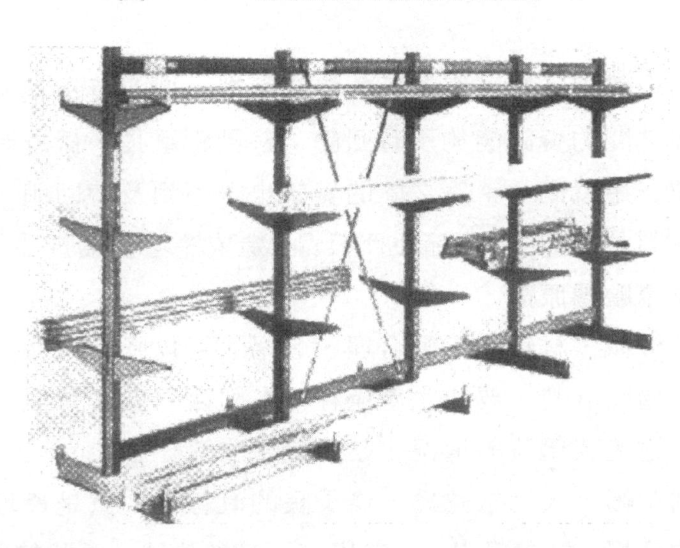

3. 統一原則

即把 4M（人 man、機械 machine、材料 material、作業方法 method）有機統一起來，在保持 4M 平衡的基礎上，進行生產佈局的設計。其目的是減少因沒有綜合考慮 4M 要素而造成的局限性（瓶頸），避免影響生產正常進行或延長停滯時間的情形出現。統一原則就是統一佈局的理念，就是要啓動生產過程的物流，縮短產品的製造週期，降低生產成本。在佈局中，理念重於技術，理念必須先行。所以，統一原則是佈局最重要的原則之一。

4. **最短距離原則**

不同的產品，其加工流程也不同。產品在發生產量、品種的變化時，加工流程也會隨之發生變化。這時，上下工序或工程之間的銜接就要考慮如何使人、機械、材料的移動距離最短的問題。

移動距離短，搬運所花費的時間就短，搬運費用就少，工序或工程之間的資訊能夠及時回饋；移動距離長，搬運時間就長，搬運費用就高，工序之間的資訊也得不到及時回饋，會造成中間在製品過多，容易產生不良品，造成不必要的成本浪費。

5. **物流順暢原則**

人、機械、材料的流動合理、順暢，可以降低生產成本。企業在佈局設計時，要使生產過程沒有阻礙，就必須減少作業的交叉、逆流或倒流的情況，禁止發生物流停頓。

談到順暢，人們常認爲一條長長的直線式佈置是最理想、最順暢的佈局。但在現實中，受用地面積的大小、形狀的限制，決定了很多生產線不可能是直線式的佈局。

我們實際中應該仔細考慮用地面積的大小、形狀的限制，以及生產批量的大小、產品的換型等，對直線式、L 形、U 形、S 形、星形、環形等佈局形態進行比較分析，綜合判斷之後再下決定。

另外，從管理的角度看，佈局不僅要考慮順暢，還要考慮集中統一。

6. 減少存貨原則

減少生產過程中的存貨，是爲了平衡設備之間的產品流量；減少原材料和產成品的存貨，是爲了使工作單元裏的材料運轉更加迅速。

減少存貨，能夠提高設備和機器的利用率，是因爲它使安排更合理、使材料流動更迅速；能夠降低企業在設備和機器上的投資，是因爲它能有效利用現有機器和設備，減少了更新機器和設備的數量，也降低了安裝費用。

7. 便於溝通原則

溝通對於任何一個企業來講都是很重要的，所以佈局也必須有助於溝通的改善。這要求我們不僅要對開放的空間、半高的隔離間和辦公室的佈局作出規劃，也要求對空間與空間之間的距離作出規劃。

例如，現在很多大企業的工廠都是淨化間。在淨化間生產的產品，對環境潔淨度的要求很高，因此，在人、物料、設備的進出口都要裝有防塵設施——吹風器，來防止灰塵進入淨化間。淨化間 50%的牆壁是採用玻璃隔離，這樣的採光度、可視度雖好，但也隔絕了聲音，因此，還要在淨化間的牆壁上裝對講機，便於傳達生產所需的各種資訊。

8. 安全原則

企業在佈局時，既要考慮如何使作業員減輕疲勞、輕鬆作業，還必須考慮噪音、粉塵、煙霧、溫度、光照度等因素對作業員人身安全的影響。如：

- 工作環境會不會容易碰到障礙物？

・會不會發生物品的墜落、傾倒的現象？

・作業週邊電源的防護措施是否安全？

・有沒有消防通道、消防措施？

・噪音、粉塵等有沒有超標？

・溫濕度、光亮度是否適宜？

9. 靈活機動原則

企業在佈局時必須考慮未來產量的增減、多品種的大型化、產品的型號變化等問題，並將其事先列入規劃中。儘管如此，從一開始就準備備用設備，在生產效率、資金效率方面是很多企業尤其是中小企業所難以承受的。

因此，為靈活適應將來的變化，必須確保設備擴展用地，採取能隨時加長或減短的生產佈置，通過功能不同的佈置來靈活應對生產的變化。機械設備由原來的專業性強、不容易安裝和移動的大型設備，改為通用性好、容易安裝、移動方便的小型或迷你型設備。

10. 環境和美觀

從環境和美觀的角度，佈局常常要求考慮窗戶、花盆和隔板的高度，以利於空氣流動、減少噪音和提供私人空間等；要求設備和機器週圍的空間整齊、明亮；參觀通道與參觀路線的設計，在不影響生產和員工操作的情況下，要考慮盡可能地能方便別人參觀與學習。

圖 5-13　佈局分析的決策步驟

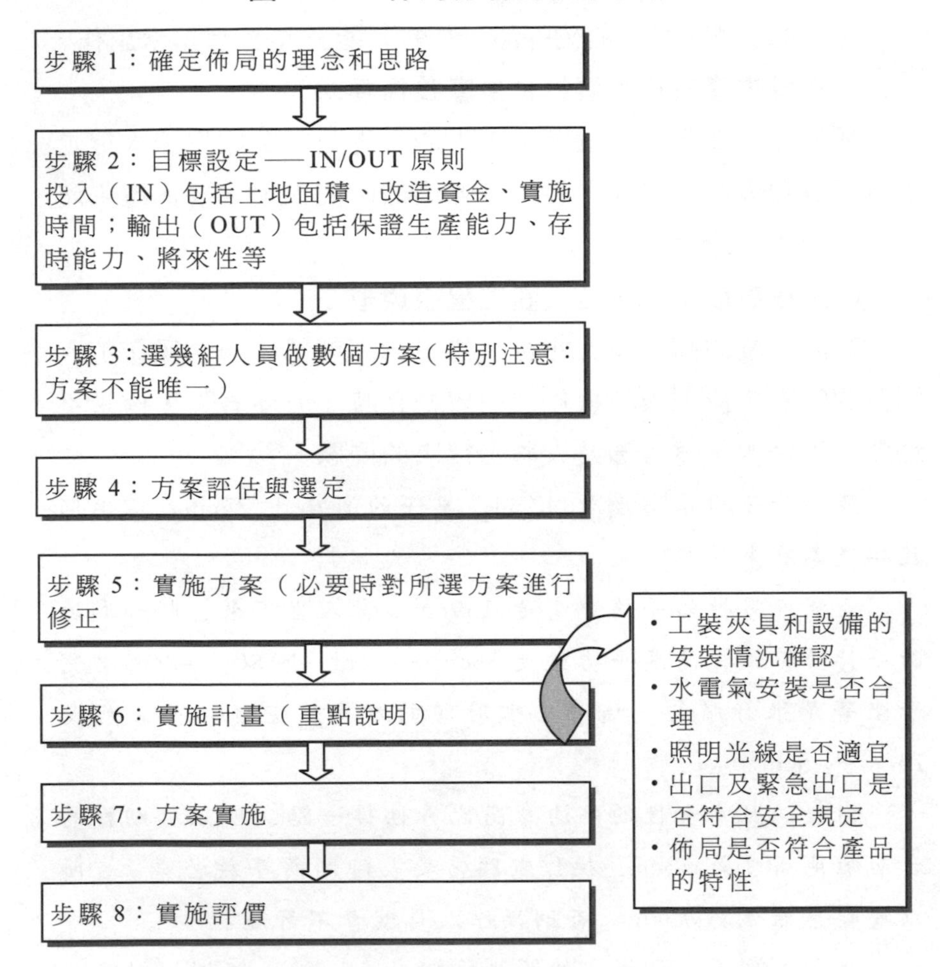

七、如何佈置工地

1. 如何佈置工地

工地佈置是有學問的，合理佈置工地有以下幾個基本要求：

⑴能夠滿足 90%以上的人進行正常工作

工地的狀況，至少能夠保證 90%的人能夠在裏面正常工作。

⑵主要生產設備佈置符合生產技術要求

便於工人操作，儘量減少工人的行走距離，因爲工人行走距離過長和大動作操作，純粹是無謂的時間浪費。要保證生產安全，節約生產面積。

⑶操作高度等要符合人體工程學原理

物品放置的高度及工作台、椅子的高度都要適合操作工人軀體的特點，使工人在操作或取放物品時，方便省力，儘量不踮腳、不彎腰，這裏涉及人體工程學的問題。

亞洲凳子標準高度是 42cm，桌子的高度是 75cm，這兩個數字是怎麼來的呢？

亞洲人男性的平均身高是 169cm。當人坐下來，腿部和地面平行的時候，高度平均數是 38cm～45cm，所以高 42cm 的凳子坐著是很舒服的。這時胳臂肘彎的水準位置離地面正好是 73cm～75cm。

同理，因為女性的平均身高比男性矮一點，所以縫紉機的台面離地高度是 73cm。操作電腦需要長時間將手放於桌上，所以電腦桌會低於 75cm，否則操作人員就會不舒服。

亞洲人的手比歐洲人的手平均短 2cm～3cm，所以設計師設計的滑鼠就會有區別：亞洲人用的滑鼠小巧而平滑，歐洲人用的滑鼠大而拱起，如果小巧而平滑，歐洲人就會感到手心空蕩蕩的。

在工作現場要以人爲本。現場、設備、工裝、工位、器具等任何一樣東西都要考慮到人體的特點，這樣才不至於使員工在操作時違背人體工程原理而造成過度勞累或軀體的傷害。

⑷**不必要的物品應該及時清除，避免擁擠**

工地上多餘的、不必要的物品應該及時清除，以免造成工地的過分擁擠，影響工人的正常生產活動。可以說，工地混亂多數是因爲廢棄物和不必要的物品得不到及時清除而導致的。

2.**創造良好的工作環境**

良好的工作環境是指工作場所必須滿足生產技術的特殊要求如有些生產技術要求工作場所必須潔淨、恒溫和防震；嚴密隔離有嚴格的溫度和濕度,並對房間層高和顏色有特別要求等。

⑴**空間**

人與房間層高的關係是有科學根據的，層高取決於有多少人在裏面活動。按照標準，每一個人必須有 3 立方米的空間，這樣氧氣才夠用。火車站和汽車站的房頂很高，就是考慮了人流量大、保證空氣流通的特點。

⑵**溫度**

溫度環境實際上包括了濕度和空氣流動速度等因素，是任何環境都會遇到的問題。溫度是工作現場最重要的條件之一，工作設施內應該有合適的溫度。最合適的溫度根據當地的氣候條件、季節、工作類型和工作強度而定。在作業環境中，要具有良好的通風設備，保持適宜的溫度、濕度和空氣新鮮度，這樣使人感到舒適。對於一般強度的坐姿工作，20℃～25℃時工人的生產效率最高。如果達不到合適的溫度，工人的生產效率就會下降。有條件的單位要做好隔熱和防寒的措施，採取適當方式以減少外部熱空氣和冷空氣侵入對於生產的不利影響。

⑶**潔淨度**

有些工作現場要求必須非常乾淨，如一些光學儀器、精密電子產品和特殊化學物質生產，對環境的要求特別高。例如，有一個單晶矽廠，有兩條非常奇怪的規定：第一是所有職工必須憑洗澡證上班。要求每一個員工早上洗過澡才能上班，進工廠之前，還要在「風淋室」抽一下，將全身的灰塵抽乾淨，換上潔淨的工作服。第二個規定是不能吃魚蝦。因為員工一吃魚蝦，呼出的氣息中帶有磷，產品遇到磷就會全部報廢。另外，由於對環境潔淨度的超高要求，這個工廠甚至謝絕參觀。

⑷**噪音**

噪音是企業生產和運輸中最常見的污染因素，強度超過 130dB 就會傷害人的機體和耳朵。長期受 85dB～90dB 以上的噪音侵襲，人的聽力會受損，容易患上心血管、神經性疾病。按規定，工廠的噪音不能超過 75dB，在人晚上睡覺的時候，住宅週圍的環境噪音不能超過 35dB。但是，紡織廠和衝壓設備廠的噪音超標問題是個難以解決的問題，紡織廠女工說話嗓門大就是一種職業病。

⑸**振動**

振動是工業中常見的環境污染因素，不僅會影響人的操作精度和耐久力，日子長了還會讓人患上職業病，會使人生理上感到不適，疲勞虛弱，降低人的視力和操作效率，增加失誤，因此工廠在工作現場必須採取減輕振動的措施。

(6)污染

污染是一個統稱，指企業生產中引起的一種現象，包括大氣污染、水源污染。土壤污染等。污染不僅對作業環境造成不良影響，而且會影響員工的身體健康，從而導致工作效率和產品品質的下降。所以，必須針對產生污染的生產過程，按照正確處理生產與環保的關係進行治理。

(7)採光、照明

眾所週知，80%的資訊是通過我們的眼睛獲得的。工作現場的光線過強或過弱都會增加人的眼睛疲勞度，降低工作效率。因此生產主管對於採光和照明要特別重視。光照條件好，會提高人的工作效率。有些企業改善了照明條件，使得生產效率提高了 10%，出錯率下降了 30%。在採光和照明時，要注意充分利用日光，因為它是最廉價的光源；要定期清掃窗戶和天窗，減少採光損失；要避免炫目的光線直射和反射；選擇適當的工作視覺背景。

(8)安裝必要的防護裝置

在工作現場必須安裝必要的防護裝置，以避免在生產過程中因操作不當或機器出現故障而發生安全事故，如衝床保護器、光電保護器等。

3.工業色彩的運用

(1)設備的配色要與功能相適應

如醫療器械用白色使人有潔淨感；電冰箱與電風扇採用冷色調會使人產生涼爽感；指示燈和消防器材用紅色起到示警作用。隱蔽用色要與環境相統一，如軍用裝置多用草綠色或迷彩色。

⑵**設備要與環境的色調協調**

如工業機械常用蘋果綠、淺灰的單色或上淺下深的套色，其色調的明度比牆面暗而比牆裙亮些，使機器有穩重安全感。

⑶**清晰的配色使顯示器或重要信號突出醒目**

一些重要的儀錶用黑底白字顯示，橋式吊車或汽車吊車的起重臂、吊鉤等漆上黑黃相間的條紋，都起到突出、醒目的作用。

⑷**工廠的色彩設計**

工廠是生產場地，一般採用淡雅的黃色或綠色。這兩種顏色明亮度高，純度低，給人以柔和、舒適、明快、親切的感覺。高溫工廠常常採用淺淡的冷色調，噪音強烈的工廠的天花板及牆壁都應採用紫色調，因爲人在紫色房間裏聽到的噪音要比在白色房間裏的噪音小。

⑸**車輛的色彩設計**

車輛外部用色應給人以安全、平穩、輕巧的感覺，且易被人識別。車輛一般用明亮度較高的顏色。大型客車面積大，採用單色顯得單調，可用色帶或套色進行調節。色帶可使汽車整體的比例關係更爲協調，以增加其造型美。套色宜上淺下深，以增加平穩感。車廂內部的色彩要有利於乘客休息，減輕旅途疲勞。常常採用無刺激的冷色調，地板採用明亮度適中的色彩，上明下暗。

⑹**儀器面板的色彩設計**

儀器面板上安裝的用於操作觀察的各種顯示表頭、指示燈，操作用的旋鈕、按鈕、手把等的色彩設計要醒目，便於區別。面板配色的合適與否，對能否正確發揮功能和外觀造型有很大影響。面板色彩宜用低明度、低純度的中性色，如銀灰、淺綠等單色，顯得柔和親切。面板上的元件宜採用與面板底色形成一定明亮度對比、視覺清晰、色彩調和的色彩。指示燈則採用醒目、刺激的色彩，以引起人們的注意。

總之，工地四週的顏色應該是明快的、和諧的。顏色對於提高生產效率也有很大的作用。顏色分爲冷色調和暖色調，人們看到暖色調就會產生溫暖的感覺，血壓升高、心跳加快；冷色調正好相反，看到冷色調就會產生寒冷的感覺，血壓降低、心跳減慢。例如國際衛生組織規定，治心臟病的藥絕對不能用紅顏色做，因爲紅色是暖色調，容易引起人的心跳加快、血壓升高，可能會對病人形成危害。

設計廠房時，要利用顏色爲生產服務。一般來說地面應該漆成墨綠色的，分界線應該是黃顏色的，主通道用灰色或棕色的爲宜。如果是需要謹慎操作的設備，最好用黃黑相間的顏色區別出來，以提高員工的注意力。

研究表明，淡紫色能使員工的工作效率提高 12%，如果把辦公室和一些比較寧靜的地方用淡紫色來裝修就能起到良好的效果。

很多科學文獻及研究報告均證明色彩對人的影響極大，因此，根據不同作業的特點對環境色彩進行適當的調整是必要的。

第一，天花板與牆壁應該選擇相對明亮的色彩，且以不反光的材料為佳；

第二，地面和作業區以綠色為佳，因為它能使人鎮靜從容；

第三，通道以比較醒目的橙黃色為佳，因為它可以提示過路人；

第四，區劃線在普通工廠以白線為主，堆高車的通道則以黃色線區劃為佳，危險機器位置的區劃線和警戒線一般也用黃色；

第五，不良品及消防工具的放置以紅線劃分為佳，禁止、防火、緊急制動也用紅色表示，以起到警示作用；

第六，休息區以相對暖色調為佳。

在日本一些醫院裏根本不需要問路。一進門就有一個標誌，說明什麼顏色代表什麼科室，同時有各種顏色的路標來指示。例如說，藍色代表外科，那麼只需要沿著藍顏色的標誌往前走，藍色終止的地方就是外科，裏面的大夫都戴藍色的帽子，穿藍色的衣服。

4. 工廠設備佈置原則

工廠設備的佈置要遵循五個原則：

⑴加工路線最短

要使員工在看管多台設備的時候行走的距離最短。

⑵要便於運輸

可以利用天車、傳送帶等來運輸。

⑶要確保安全

使設備和設備之間，設備和牆壁之間以及設備和柱子之間留有適當的空間，免得員工在操作時一下用力過猛連躲閃的地方都沒有，這是爲確保員工安全所必需的。

⑷要便於工人操作

如圖 5-14 所示，工人在操作中，把所有需要的物品都合理地擺放在觸手可及的地方，秩序井然。

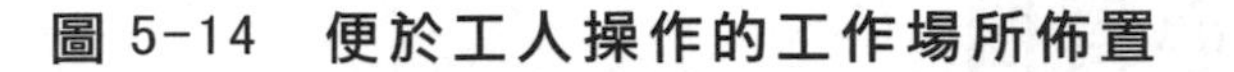

圖 5-14　便於工人操作的工作場所佈置

⑸要充分利用工廠生產面積

例如將設備排成橫向、縱向或斜角的，充分有效地利用好工廠生產面積。

除了設備佈置，還有一個全廠的廠房佈置，要考慮到風、水、電、三廢處理、廠區綠化等。其中很重要的兩點是：有些生產單位之間必須要安排得近一些，例如配件加工和組裝工廠；有些單位之間是絕對不能放到一起的，例如噪音衝擊力大的衝壓工廠和精密機床工廠絕對不能放在一起。

心得欄

第 6 章

從生產線工位設置加以改善

一、改善工作台佈置

1. 工人站立和坐下能夠觸及的合適距離

(1)站立式工作台的合理設計

在組裝式流水線的生產過程中，作業員工大多數是站立式作業，一天最少的在生產線站 8 個小時，如果工位設置不合理，就會使員工更加疲勞，拿取工件、工具的效率也會降低，從而影響生產效率。

在設定站立式工作台時必須考慮人的身高比例，如果工作台設計過低，人在作業時就必須彎腰作業；設計過高的話人在作業時又得抬高手操作，這兩種情況都是不合理的設計。從人員安全、生產效率等各方面衡量都是不合理的。所以在進行工位改善時首要解決的就是上述兩種不合理現象。

除了工作台設定過高或過低外，人與工作台之間的距離的合理性，也相當的重要。有些生產工廠因現場空間有限，拼命壓縮作業員工與工作台的合理操作距離，看起來好像是省出了空間，但操作員工因此而降低的組裝效率和過多的誤操作產生的不良品，足以超過省出的空間產生的價值。因而從整體的觀念出發，給作業員工與工作台之間空出充分的作業空間是十分必要的。

⑵**站立式工作台合理設計的方法**

從人的身體高度出發，生產作業工作台的空間高度保持在2m以內是最適合的。同時作業台面的高度應與人在站立時肘關節的高度持平，也就是工作面的高度達到人的腰部，這是人站立時最佳的作業高度。工作台整體與操作者合理距離應保持在10cm之內。操作員工腳部與工作台底部的合理距離設定在最少13cm爲最適宜。因爲人在站著作業時，時間一長就會產生疲勞和煩躁的情形，這時腳部的有效活動可以爲員工長時間站立起到一定的調節情緒和減輕疲勞的作用。

圖 6-1　站立式工作台實例

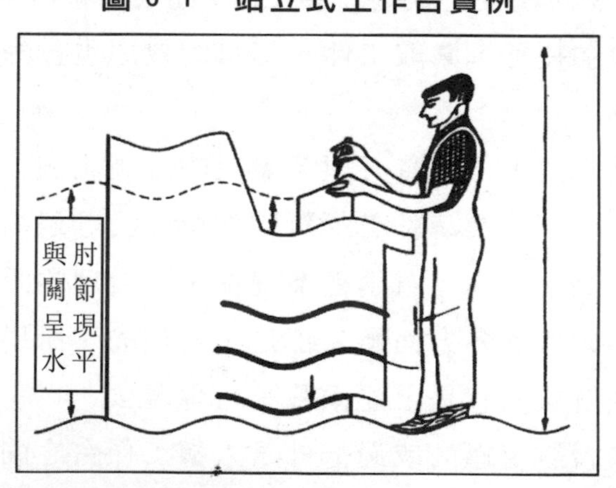

⑶坐著式工作台的合理設計

在有些需要精細加工和組裝的生產工廠，從工作的細緻程度和品質方面的要求，在設定工位時，將操作員工的工位設定爲坐著式，這種形式的工位又分爲兩種，連續式生產是圍繞生產傳送帶沒一排相同規格的坐著式工位，工位與工位之間組裝和加工工件由傳送帶來移動，每個工位之間作業上有相關性。

另一種是多品種少批量的生產，這種生產形式的特點是每個工位是相互獨立的，一個工位就能獨立完成一件成品或半成品的全部加工作業。

坐著式工作台從外表上看好像比站立式工作台舒適。其實不然，如果設定不合理，同樣會產生生產效率低下和人員易疲勞的不良影響。

人在坐著工作時，第一是工作台面的高度要適宜，過高或過低，都不利於員工長時間坐下作業；第二是坐下後要給腿留出適當的活動空間；再次座位的高度和工作台的面積、厚度都要設定在合理範圍之內，才能保證持續高效的生產。

⑷坐著式工作台合理設計的方法

合理設計坐著式工位有幾個方面的內容：

一是台面的高度必須與人坐下後兩手垂直時的肘關節平行，即工作台整體高度在 60～70cm 之間爲最佳；

二是坐椅的合理高度範圍應在 30～45cm 之間爲適宜，這樣的坐椅高度範圍可以因人調整；

三是當人坐下時腳與工作台底部應保持 10cm 左右的活動空間；

四是桌面的寬度以人的手伸直後能夠到的有效範圍爲準；最後是工作台面的厚度最大保持在5cm左右，如是太厚的話不但浪費材料，而且還會減少員工膝部的活動空間，如果太薄就承受不起較重的加工工件。

圖 6-2　坐著式工作台實例

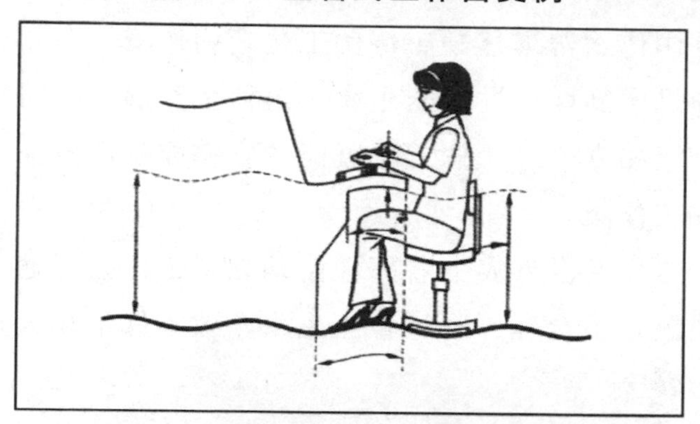

2. 工作台上的工具擺放

⑴弧形擺放法

許多生產現場作業台工具放置混亂是造成生產效率低下的一個主要原因，同時在一些工具的放置方法上不科學，也給需要隨手拿取工具的組裝加工作業者帶來了不小的麻煩，傳統的擺放習慣片面追求工具擺放的表面整齊性，因而大多都是將隨時要使用的工具在工作台上擺放成一條直線。這樣看起來工具放置顯的整齊有序，其實直放兩端的工具不方便作業者隨時拿取。

將這種直線型的擺放方法改成以人爲中心弧形擺放方式，使工具的擺放形狀與人的工作台的邊緣成扇形，作業者就是這個扇形的中心點，這樣弧形上的任何一個工具放置點都在作業者最佳的拿取範圍內，作業者不用伸直手臂只動用手腕的移動動作就能拿到任何需要的工具（見圖 6-3）。

這種小小的改善，在不花任何成本的情況下，只是改變了工具的放置狀態，就能起到節省組裝生產時間的作用，最符合現場改善所強調低成本的原則。

圖 6-3　工作台上工具弧形的擺放實例

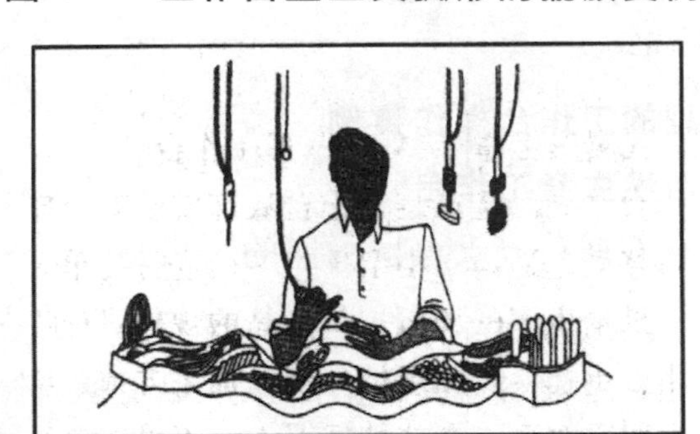

⑵立體擺放法

有時一個工位因加工的需要可能會有許多的工具需要隨時使用，然而工作台面的面積是有限的，這時直接在工作台面上弧形擺放所有的工具就相當的困難，解決這種困難的辦法就是使用可組合式立體工具盒，這種工具盒結構就像辦公桌面上的組合式三層文件架一樣，每一個工具盒拆開能單獨使用，也能按操作者的要求組合成不同的形狀和高度。可以有力地提高作業台面的空間利用率（見圖 6-4）。

圖 6-4　組合式立體工具盒實例

3. 幾種合理的工作台操作實例

⑴流水線連續生產工作台

這種工作台本身和流水線是一體的，只是每一個工位按作業的性質有所區分。在組裝工件時往往有些工件的內包裝材料需要回收或一些生產輔料需要地方放置，但這種一體式的工作台上只允許放置和傳送加工件，所以在人站立的作業位置製作一個小支架，重疊放置兩個膠框，就可以解決回收物品和輔料的放置問題（如下圖）。

圖 6-5　一體式工作台實例

⑵可移動式翼形工作台和「C」形工作台

這兩種工作台共同的優點是工作台底部安裝有小輪，工作台可以隨意在作業區內移動，適用於小型生產場所進行的單獨式生產加工作業，在多品種小批量生產的場所，其產品的規格式樣以客戶的需求為導向因而變化十分迅速，產品規格一變，加工方式、組裝配件、工序流程都需要立即跟著改變。

在這種情況下，不可能進行流水線式的批量生產，因而多用途可移動式的工作台就成為適應這種生產模式的最佳選擇。

一般這類生產場地都不可能十分寬敞，翼形工作台和「C」形工作台因其設計上的獨特性正好可以為較小的生產場地提供了最經濟的工作空間（如下圖）。

圖 6-6　翼形工作台和「C」形工作台實例

⑶帶零件架和工具抽屜的防靜電工作台

在進行電路板、電子元器件加工的生產場所，對於加工作業台都必須有防靜電功能，同時對這種電子產品加工，需要一些特殊的工具和用品，如手提式焊槍、防靜電手套等，這種工具和用品其體形較大或保管方面有特殊要求。因而需要特別的放置，一般的工作台無法提供這方面的需要。

防靜電工作台在桌下部份專門製作了工具抽屜，可放置各種不同形狀的特殊工具。同時在組裝電子元器時必不可少地要加入一些小配件，例如小螺絲、各種細小接線等，這種配件體積極小，種類又多，如果放置方法不妥當很容易丟失。

防靜電工作台專門爲此類小配件配置了可調式零件箱，零件箱可隨意增加，同時還可以在箱上標出品名、數量等，使細小物件的放置狀態一目了然。

圖 6-7　防靜電工作台實例

⑷多功能三層簡易工作台

這種工作台爲木質結構，生產企業可以自行製作，對於那種一邊加工一邊需要查看製造技術圖的生產作業尤為適用。這種工作台共分為三層，第一層為加工作業台面，第二層為傾斜式製造技術圖放置架，第三層為兩排帶卡槽橫樑，用來懸掛不同的常用工具，例如焊槍等特殊的工具，焊槍在生產加工過程中使用普遍但因其在作業時產生高溫，而且其使用頻率是斷斷續續的方式，每次使用完後都直接放在台面上或其他平面上都會燒傷台面，因而使用懸掛的方式是最佳的選擇，同時作業者拿取也更加方便安全。

圖 6-8　多功能三層簡易工作台

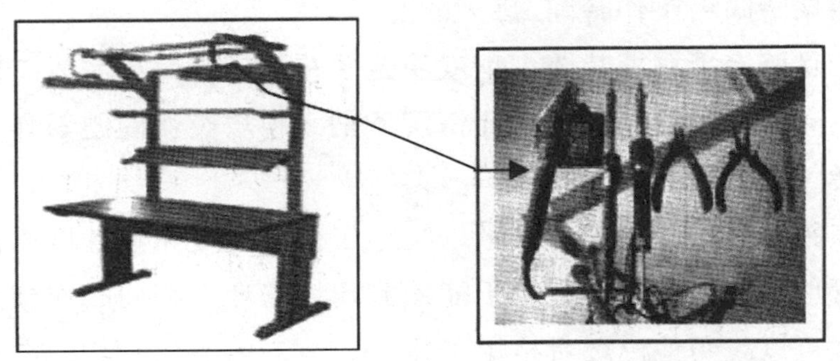

二、作業方法標準化的改善

1. 作業方法標準化改善的著眼點

將作業方法進行標準化是現場高效生產的基礎，也是管理者管理工序的依據，同時也為下一步進行改善打下了基礎。作業方法標準化說簡單點就是有效地組合物料、設備和操作者，使其在最佳程度上運轉。所以有些日本企業將作業標準化叫「作業組合」，對作業方法的標準化改善可以從以下三個方面入手。

⑴**確定產品的製造週期**

在加工組裝型的企業，不管工序是複雜還是簡單都必須對每一種產品的製造週期時間進行合理的計算和設定，做到讓作業者心中有數。所謂週期時間就是製造一個產品或一系列產品所花的時間，這是由生產數量和工作時間來決定的。計算週期時間，要用工作天數除以一個月的必須生產量，得出平均每天的必須量，然後用這個數字去除每天的工作時間。

每天的必須量＝一個月的必須作業數/工作天數

週期時間＝工作時間/每天的必須量

一旦確定了週期時間，也就決定了在那個時間裏完成工作的每個人的作業量，但是這種情況不納入現場突發問題對作業的影響。

在確定了每個人的工作量以後，工作的速度和熟練度就由現場管理者自行把握。當新手能達到現場管理者相同的作業速度時就可以說明他已經合格了。

當週期時間決定下來後，勢必會出現作業者因個人操作的能力不同而產生差異。同時也因爲在週期作業中沒有納入突發因素的影響，所以操作者很容易看出作業過程中存在的浪費，這就爲現場改善提供了方向和思路，如果實際作業時間比週期時間多出了一些，就應該想辦法進行改善。

⑵**設定產品的製造工序**

製造工序是指從加工件或原材料進入生產組裝區起直到產出成品這一過程中進行的所有加工、組裝作業總稱，所以也叫做工序。以生產時間爲導向，包括產品在生產線上的移動、搬運、安裝、調試等活動，以加工作業的先後順序排列的生產工序。

要是不設定工序順序的話，每個人都按自己的方式進行作業，生產過程就會產生混亂和低效率現象。

在設定作業工序時，爲了不出現浪費、不勻、不合理的現象，作業工序的設定必須具體地、定量地細分。例如明確兩手的使用方法、腳的合理放置位置、手的動作規範等，並讓全體作業者熟知，這在形成作業標準化方面至關重要。

⑶保持工位上最合理的存貨量

工位上最合理的存貨是指爲了加工組裝的需要，在作業範圍內存放最少的工件、半成品和工具，以提高生產空間的利用率，進行高效的生產。

徹底消除工位上的半成品和其他放置物品，顯然是不現實的，工位上的存貨主要來源於幾個方面，一是按照工序順序加工時，因工序之間的協調需要時間，使一部份待加工件無法及時流入下一個加工環節，而產生工位存貨；二是在加工件進入某一工位加工完後需要進行品質檢查，這時加工件必須在工位上停頓，而產生工位存貨；三是工位上的因加工需要必須有一定的加工工具，這又是工位產生存貨的一個原因。

通過將作業方法標準化的改善，可以消除不必要的工位存貨，將原來不知何時可能用到的工具，從工位上移走。同時各種半成品、待加工件也可以按照作業標準書給出的明確方法，來更加合理地在工位存放物料。

2. 作業動作標準化改善方法

⑴使用作業抽查表

作業動作的改善要從對現狀的細心觀察開始。

例如有一個綜合辦公室，主任爲了提高打字員的工作效率，增加了將近一倍的員工，然而效率卻沒有感覺到有多少改善。主任抱著無奈的心態對員工的作業情況進行觀察，發現大家都在埋頭苦幹，有的在操作電腦，有的在搬運文件，有的在作 5S 工作，沒有一個人閑著。

主任發現員工在工作的準備和整理方面花費了太多的時間。企業的工作並不是只要人在動就可以完成的。這一點主任相當明白，但是一想到從何處著手改善就顯得無計可施。

這是因爲主任在觀察時沒有使用作業抽查表的原故，因而也就不可能發現產生這些「活動」的原因。

工作抽查表（WORK SAMPLING）簡稱爲 WS 是根據或然率的原則進行工作現場作業的瞬間觀察，通過統計分析可以正確地找出產生動作浪費的原因。其使用原理就像定點攝影一樣來收集作業的樣本，當樣本收集到一定的數量後，就可以對作業進行有代表性的分析，從而找出問題的根源加以改善。

使用工作抽查表有一個基本的要求，就是爲了尋求統計上的準確性，要深入作業現場進行記錄和調查，確保每 100 次抽查結果的可靠性在 95%以上。因爲抽查帶有一定的或然率，所以 95%的結果可靠性必須保證。

工作抽查表的使用有以下幾個原則：

①隨機抽查的樣本總數最少要 1000 次，也就是「千次原

則」。如果抽查在 1500 次的話，從概括的角度來講結果是最可靠的；

②如果要抽查的工作場所有 20 個員工同時作業，那麼平均每一個人的抽查次數不少於 50 次；

③工作抽查要隨機進行不要刻意實行，要讓被抽查的人員與平常一樣地工作；

④工作抽查的目的不是要找某個人的錯誤或缺點，而是爲動作標準化收集改善的資訊，是爲了提高作業效率進行的觀察。所以要爭取現場員工的支持和參與。

⑵設定合理的動作規範

工作場所可能有太多的浪費動作或作業行爲，例如工模具的拿取不便和工作場所整理不夠徹底等都是造成動作浪費的主要源頭。而這些動作浪費的造成雖然主要因素在於作業工程設計和工作場所佈置不妥等先天不足上，但是只要改善作業的方法也可以大幅度縮短作業的時間。

現場管理者不能動不動就從改善硬體的方面來找藉口，要有在現有的條件下消除多餘的動作或作業的想法，這是現場管理者必須具備的改善意識。

目前作業和動作的改善方法已成熟的有許多種。例如，將作業改善的觀點放在作業員與機器的關係上的人／機（MAN/MACHINE）分析法，或使多人作業時，能適時配合的複式作業分析手法等。

在裝配或分解的組合作業方面，如能很合理地在時間上安排出合適的動作，工作時間就會顯著下降，降低 30%或 40%並不稀奇。

無論任何作業，都可以變更作業流程，或改換作業動作的組合，或配合作業目的停止作業。

如果對操作者的動作加以分析，就可以使任何人可以清楚地分辨出作業上的浪費現象。然而人們習慣性地認爲只要從作業的動作中排除浪費動作的話，就可以提高必要動作的效率，但是事實上並沒有那麼簡單。因爲只觀察動作，沒法得出動作效率高低的比較。必須有個依據來作爲動作效率判定的基準配合觀察才行。這個基準就是動作合理化規範。

從動作經濟性的角度出發，良好的作業動作包括以下幾項：

①兩手並用提高效率（如圖 6-9）

②兩手作業動作對稱不易疲勞又快捷（如圖 6-10）

圖 6-9

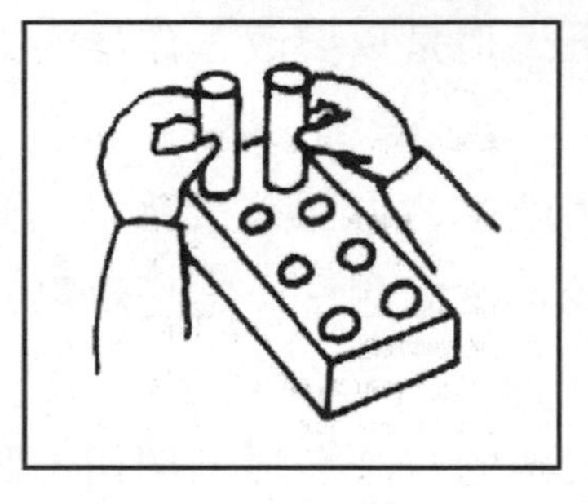

圖 6-10

③使用的物料放在固定位置以便容易取用；

④根據使用的頻度調整物料的放置地點與高度；

⑤靈活利用現有工具來拿取不易拿取的物品（如下圖）

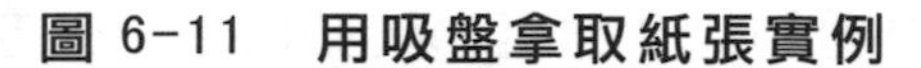

圖 6-11　用吸盤拿取紙張實例

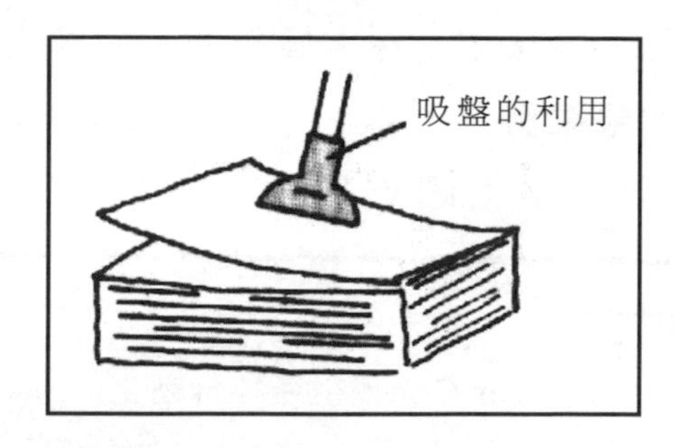

⑥作業工位使用不易疲勞的背景色

⑦將時常需要聯合使用的工件事先組合在一起（圖 6-12）

⑧自製簡易的工具來穩定工件（圖 6-13）。

圖 6-12

工作場所的動作改善可以說是由兩手活動開始的。現場管理者要學會仔細觀察部下作業員工兩手的動作是否規範。

現場管理者應該把作業動作整理成最省力狀態後形成的動作規範交給部下操作。並且要保持操作員工與 IE 技術人員的溝通與研究，使作業動作提升到更加精確的程度，現場管理者都是負有這種任務的。這樣才是尊重操作者，尊重人性的管理。

(3)**動作改善效果案例**

圖 6-13

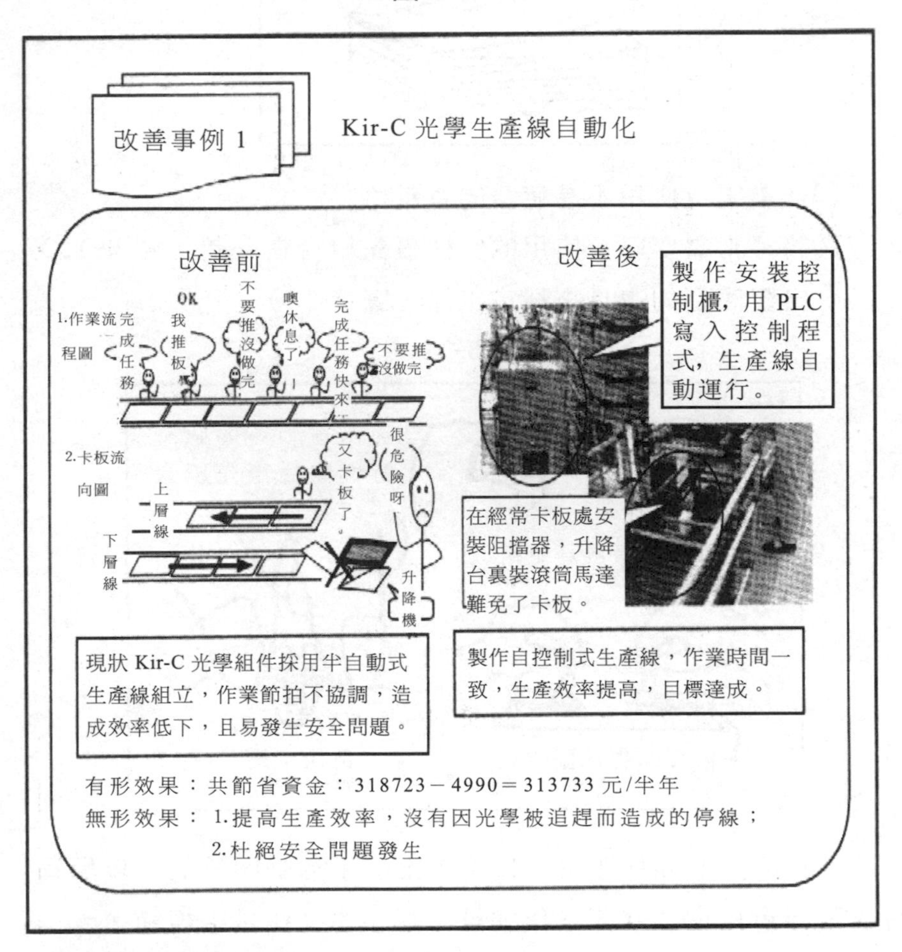

圖 6-14

改善事例 2　Kir-C 光學位置決定治具拿取方法的變更

改善前

改善後

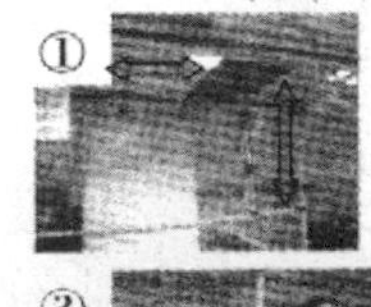

1.在組立光學左支援板時，治具搬運頻繁，作業勞動強度大。
·Kir-C 產量：1000 台/日 ·治具重量：4500g
2.組立一台機器的作業時間:69 秒(實測時間)
3.轉身取治具動作:90 度。(來回 4 次/台)

在流水線上方做一升降治具，將治具懸掛在氣缸上，用電路來控制氣缸上下動作，達到作業要求。

有形效果：共節省資金：2826.6－1669.6＝1157 元/半年
無形效果：1.提高作業效率。
　　　　　2.削除作業者每天高達 2000 次的大體力勞動。

3. 作業流程標準化改善方法

(1)使用作業工序時間分析表

爲了創建標準作業，首先，每個工序都要把其零件的組裝、加工時間記錄在工序時間表中進行分析。

這種作業的工序分析表，記錄了工序順序、工序名稱、機械號碼、基本時間、刀具交換時間、個數以及加工能力。

作業工序分析表是進行標準化作業的時候組裝產品的標準，是指導一台產品組裝機構和完成時間的依據。

⑵按照工序順序設製作業組合工單

在制定完工序分析表後，接下來就是由平均每天的必要數量和工作時間算出週期時間，根據週期時間決定每一個作業者以怎樣的順序進行作業。如果是簡單的作業，就能按照作業工序分析表原樣製造。可是，要是稍微複雜的作業。在規定作業順序的中途，常常不清楚這個機械自動傳送是否已經結束。因此爲了能用眼睛看到這個時間段的經過，作爲決定作業順序的工具，就要採用「作業組合工單」。

在作業組合工單中，記錄了作業順序、作業內容、作業時間等。

在作業時間記錄欄中畫著以秒爲單位的刻度的線，一張表能夠記錄 2 分鐘的作業。

管理者在給各種作業員工安排工作任務時，必須能保證各個作業者在特定的週期內完成自己的工作。

另外，各工序的安排也必須保證各作業者的週期時間是相同的，且能夠將各種工序間的生產線同期化，才能起到作用。

⑶工序要點運用 OPL

對加工組裝過程中的工序要領製成 OPL（單頁要點教程）的方式在各工位展示出來。OPL 的內容包括機器的操作、刀具的更換方法、步驟替換、零件加工、安裝等作業的要點，最好每個工序都製作一張圖文並茂的 OPL。

⑷編制生產現場管理者指導標準書

所謂管理者指導標準書，是指生產現場管理者教育操作員工按標準進行作業的指導標準和依據。

指導標準書依據於作業工序分析表和作業組合工單而製作。是隨著工序的生產順序，對符合每個生產線的生產數量的每個人的作業內容及安全、品質的要點進行明示。主要的內容是，人與機器的合理配製、作業的基準週期、作業順序、標準持有量以及生產制程中品質檢查的地點和方法。如果每一個操作員工都按管理指導標準書進行作業的話，一定會迅速、安全、保質保量如期完成生產作業。

4. 作業工序活性化設置方法

(1)合理的搭配組合作業內容

在製作了作業標準以後，在生產中的另一個問題就顯得的尤爲突出，那就是各個工序和工位之間的作業上的組合與搭配。爲了能順序地取得各工序間的合作，有必要進行組合搭配，也就是作業工序的銜接。日的是爲了嚴格地限制各人的作業範圍，使不同崗位的人員能相互幫忙和配合，進行生產線的協同工作。

如果將各人的作業範圍固定化以後，作業快的人就會不斷地製造工件，而作業慢的人面前將積壓工件。其結果是作業快的人不得不停止工作進行等待，作業慢的人急急趕工而使不合格品流向後工序，這樣的情況下，生產數量和效率就由作業慢的人的產量來決定。

爲了防止這種不平衡的生產問題，必須讓各人的作業範圍相互之間進行難易合理的組合與搭配，均衡作業快的人和作業慢的人的工作速度，使傳統生產作業變成接力生產。

接力生產時，如果一個工位與另一個工位的距離太遠的話就無法進行工位間有效的組合與幫助，所以為了使接力作業容易實現，要儘量縮短機械間隔，以個人近距離的形式進行合作。必須避免拘泥於個人能力的機械配置組合，要從全部人員的整體水準著眼。

(2)工序之間相互補充

舉個例子來說吧，在進行游泳接力比賽的時候，無論快的人還是慢的人，都要承擔一定的距離，可是陸地上的接力比賽就不同了，在遞交接力棒的範圍內，快的人可以彌補慢的人的速度。在生產組合上就是要採用陸地上接力的方式，使動作快的和動作慢的人能相互補充。

(3)形成流水作業

流水作業是相對於流動作業來設計的一種能實現人員作業互補的先進作業組合模式。流水作業是在貨物流動時工序不斷進展中進行的，如果僅使用傳送帶搬運工件，就不是流水作業而是流動作業，流動作業把作業者和作業的工位分隔成幾個孤立的小島，使作業者不能相互幫助，同時增加了現場搬運的次數，使作業員疲於奔命。

三、使用各種省力工具和方法

1. 固定加工件提高效率

現場的任何操作都要花費一定的力氣才能進行，這是不可避免的，但是不能把力氣花在抬移或把握工件上。人只有兩隻手，如果能把抬移或把握工件的手騰出來，就可以更靈巧、更有效地工作。

例如，在生產組裝加工過程中，如果使用工具不當或根本不使用工具，而是用一隻手來把持工件使工件穩定不晃動，只用另外一隻手來進行加工和組裝作業，這樣的情況下生產效率又如何能提高呢？同時單手把持工件還存在著安全上的隱患。

其實只要我們想一想，在現場是有許多方法來改善這種用手把握工件和設備花費的力氣。在現場使用一些簡單的夾具或自製一些省力的工具騰出作業中的雙手，使其用在最有效的生產組裝作業上。

2.現場作業中幾個省力的方法

⑴使用簡單的手車能輕易移動較重工件（如下圖）；

圖 6-15　手車搬運輪胎實例

圖 6-16　油桶移動小車

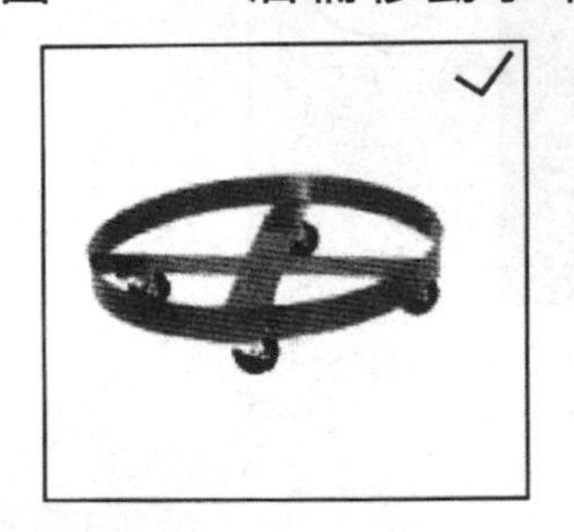

圖 6-17　油桶搬運提升車

⑵生產作業中充分利用現有的工具固定加工件；

⑶充分利用工件自身的重力，使其自然滑落；

⑷避免作重覆的搬運動作；

⑸給作業員的工作位置空出充分的活動空間。

3. 杜絕現場不當操作從細節著眼

多數進口的機器上的操作說明都是英語，作業員工在操作機器時很容易出現失誤，而現場的事故、不良品多數原因是因爲操作員的誤操作造成的，這就需要我們對現場的一切形式的操作盲點進行改善，使誤操作的情況控制在最小範圍或最終從作業中消除。

4. 消除現場不當操作的幾種方法

⑴將所有英語操作說明用中文製作操作要領張貼；

圖 6-18　進口壓縮機操作說明中文翻譯實例

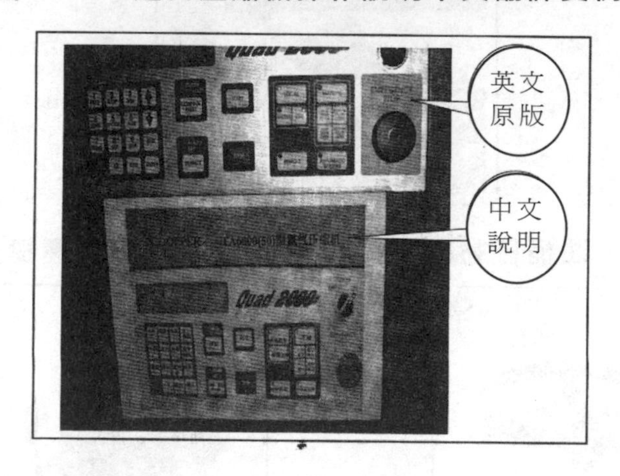

⑵使所有工具物品在操作員工的視線範圍內，容易看見，容易拿取；

圖 6-19　工具分類懸掛實例

圖 6-20　設備操作色別提示實例

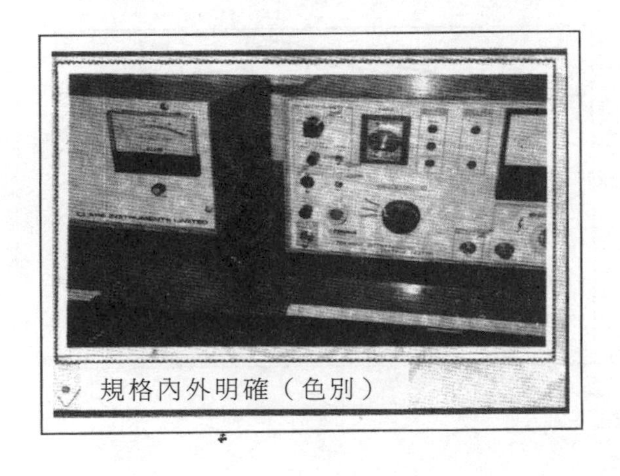

規格內外明確（色別）

⑶多使用台虎鉗來夾持不同形狀的工件；

圖 6-21　台虎鉗夾持棒材實例

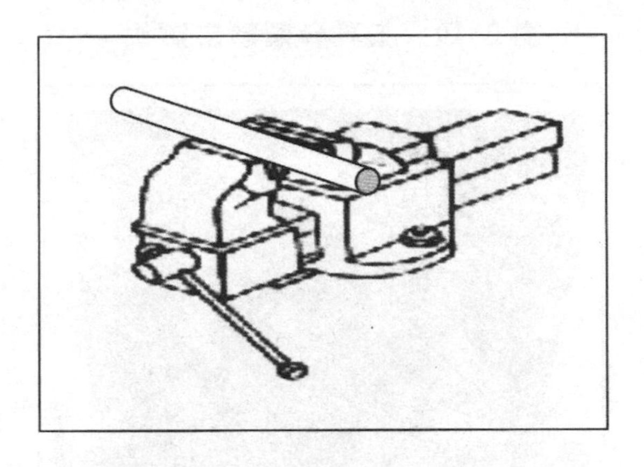

⑷使用斜槽或其他裝置減少上下移動動作；

圖 6-22　自製斜槽移動物料實例

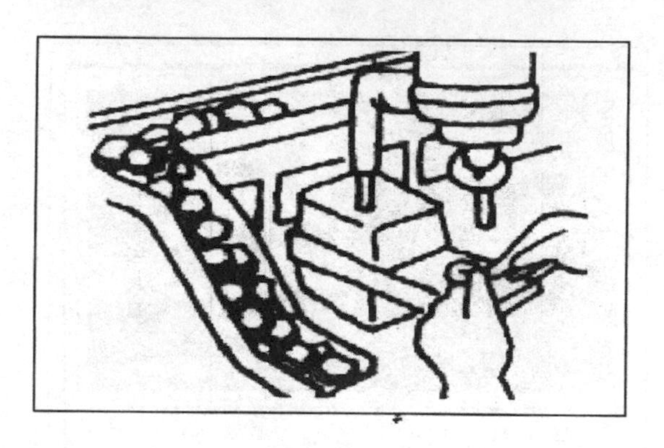

(5)將工具懸掛起來或插立起來，以使人能輕鬆拿用。

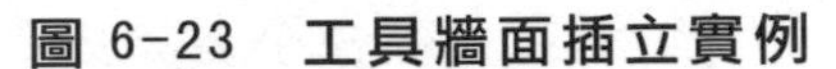

圖 6-23　工具牆面插立實例

四、對作業生產線平衡分析與案例

在生產企業的現場，經常見到這一副畫面：某上一道工序員工累得滿頭大汗，而某一下道工序員工卻沒有什麼事做；上一道工序生產線的物料堆得老高，而下一道工序卻處於待料狀態。這就是一種典型的生產線不平衡現象。

「有人閑有人忙」的現象會導致現場員工心理不平衡，從而影響到現場的工作氣氛，間接地增加了企業生產成本，降低了企業的利潤空間。

（一）生產線平衡如何檢測

生產線平衡是一個理想化的標準，在流水線的作業中，它要求上一道工序結束，下一道工序就立即開始了；中間沒有任何的人員、物料等待，而且每一個操作工都是在標準作業時間內完成自己作業，而不是刻意去等待平衡。生產線平衡就要對生產的全部工序進行均衡化，調整作業負荷，以使各作業時間盡可能相近的技術手段與方法。它是生產流程設計及作業標準化中最重要的方法。生產線平衡的目的是通過平衡生產線，使現場更加容易理解「流水線」作業的必要性，以及生產作業控制的方法。

1. 現場觀察法

我們去觀察現場，看流水線上是否出現了有人閑有人忙的現象。如果有，則說明流水線有可能存在不平衡的情況。

2. 通過直條圖來觀察

表 6-1

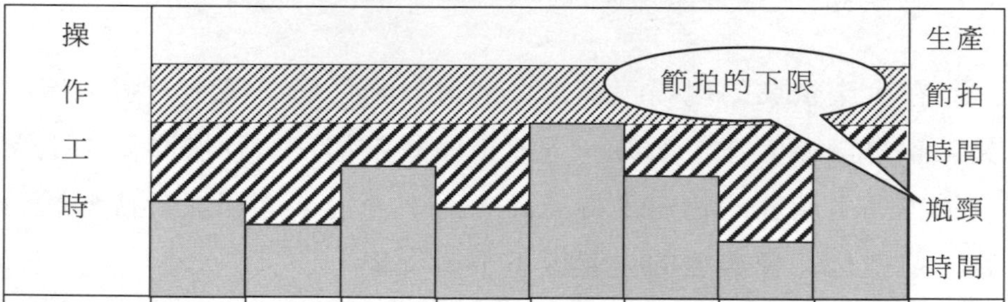

操作工時	節拍的下限								生產節拍時間 瓶頸時間
工序名稱	準備	配線	組立	配線	調整	檢查	調整	完成	合計
人員數 A(人)	1	2	1	2	1	3	1	1	12
純工時 B	26	42	32	50	34	84	18	32	318
B÷A	26	21	32	25	34	28	18	32	216

爲了使我們可以更清楚地把握生產線是否平衡的問題，我們可以依據各道工序的標準工時算出其單個產品的作業耗用時間，這樣可以看到各道工序的工時之差，並且把各道工序按順序排列，畫出直條圖(如表 6-1)，通常被稱爲作業節拍圖。

生產不平衡的程度是多少？爲了可以用數據來做定量分析，我們通常採用「不平衡率」和「平衡率」來表示平衡程度。在此，用「%」表示它們，下面將說明它們的計算方法：

生產線平衡效率(%)＝各工序的純工時合計/費時最長工序的操作工時×工位數

生產線不平衡率(%)＝1－生產線平衡率

以表 6-1 爲例：

生產線平衡效率(%)＝318/34×12＝85%

生產線不平衡率(%)＝1－85%＝15%

(二) 生產線改善案例

某包裝工廠在對 A 產品實施包裝作業。包裝時要經擦洗、檢驗、放說明書、裝箱、貼標籤以及打帶六道工序。其各工序生產單個產品的標準工時如下：

表 6-2

工序名	擦洗	檢驗	放說明書	裝箱	貼標籤	打帶
單個產品標準工時	3 秒	4 秒	1 秒	5 秒	1 秒	2 秒

如果在每道工序安置一道生產員工，很顯然，檢驗與裝箱工序會忙得無法開交，而貼標籤與放說明書工序卻會很空閒。

如何達到工序的平衡，該裝配工廠做了如下安排：

表 6-3

<table>
<tr><td>工序名</td><td>擦洗</td><td>檢驗</td><td>放說明書</td><td>裝箱</td><td>貼標籤</td><td>打帶</td></tr>
<tr><td>單個產品標準工時</td><td>3 秒</td><td>4 秒</td><td>1 秒</td><td>5 秒</td><td>1 秒</td><td>2 秒</td></tr>
<tr><td>人員安排</td><td colspan="3">1 人</td><td colspan="3">1 人</td></tr>
</table>

後來工廠主管發現，如果 2 人佔據一條生產線，將會有更多的人閒置，而且流水線速度緩慢，流水線也沒有得到有效利用，接著做了調整。

表 6-4

<table>
<tr><td>工序名</td><td>擦洗</td><td>檢驗</td><td>放說明書</td><td>裝箱</td><td>貼標籤</td><td>打帶</td></tr>
<tr><td>單個產品標準工時</td><td>3 秒</td><td>4 秒</td><td>1 秒</td><td>5 秒</td><td>1 秒</td><td>2 秒</td></tr>
<tr><td>人員安排</td><td>1 人</td><td>1 人</td><td colspan="2">2 人</td><td colspan="2">1 人</td></tr>
</table>

（三）生產線平衡要如何改善

1. 減少耗時最長的工序（第一瓶頸）的作業時間

⑴作業分割。

將此作業的一部份分割出來移至工時較短的作業工序。

⑵利用或改良工具、工裝、機器。

將手工改爲工具、工裝、機器或在原有工具、工裝上做改善，以提升效率，縮短作業工時。

⑶提高作業者的技能。

通過工作教育，提升作業者的技能。

⑷調換作業者。

調換效率較高或熟練作業人員(如需要較大力氣的作業須由男員工作業)。

⑸增加作業者。

上面的幾項都做了，還未達到效果，就得考慮增加此工序的人手。

2. 從作業方法改善

⑴ E(Eliminate)——**取消**

在經過「完成了什麼」、「是否必要」及「爲什麼」等問題的提問，而不能有滿意答案者，都是不必要的，應該將其消除。取消是改善的最佳效果，如取消不必要的工序、操作、動作，這是不需投資的一種改進，是改進的最高原則。

①取消所有不必要的閒置環節；

②取消必須使用肌肉力量的操作，以動力工具去取代；

③取消一切可能被取消的操作或動作；

④取消工作中不規律的環節，使動作自然，有利於自動化；

⑤取消以手代替工具持物的工作；

⑥取消不靈活或反常的動作；

⑦取消必須使用肌肉力量維持作業姿勢的動作；

⑧取消必須助動的作業；

⑨取消危險的工作。

⑵ C(Combine)——**合併**

對於無法取消而又必要者，看是否能合併，以達到省時簡化的目的。如何合併一些工序或動作，或將由多人於不同地點從事的不同操作改爲由一人或一台設備完成。

①合併動作；

②合併工具；

③合併控制；

④合併突然改變方向的短程小動作，使之成爲連續的曲線運動。

⑶ R(Rearrange)——**重排**

經過取消、合併後，可再根據「何人、何處、何時」三提問進行重排，使其能有最佳的順序、除去重覆、辦事有序。

①將作業合理排序；

②平均分配工作給作業組成員；

③平均分配雙手的工作，使雙手同時地、對稱地動作。

⑷ S(Simplify)——**簡化**

經過取消、合併、重排後的必要工作，就可考慮能否採用最簡單的方法及設備，以節省人力、時間和費用。

①縮短動作距離；

②減少每一動作的複雜程度；

③使用最低級次的動作；

④減少眼睛移動和凝視的次數；

⑤保持在正常的工作區域內操作；

⑥使手柄、操作杆、足踏板、按鈕都便於手足操作；

⑦利用動力、反作用力和慣性，儘量減少肌肉的使用；

⑧應用最簡單和可能的動作組合。

（四）裝配線改善案例分析

這是一家水龍頭生產企業的一條水龍頭(浴缸類)生產裝配線，改善前由 8 道工序共 9 個人在線裝配。由於生產線的平衡度差，經常是時快時慢，有些工位輕鬆可以完成作業，有些工位卻是緊趕慢趕，甚至還有發生漏作業的品質事故。爲此，改善團隊應用 Lean 的平衡生產線方法實施了一系列改善，下文中的工時測量表是採用碼錶及影像資料測定的改善前的標準作業工時，時間單位爲秒。如表 6-5 所示。

表 6-5

工位	總用時(秒)	人數(有)	作業時間(秒)	損失時間(秒)
拆報紙	0.11	1	0.11	0.03
上水位	0.12	1	0.12	0.02
拉閥芯	0.14	1	0.14	0
上網咀	0.15	1	0.13	0.01
上分水器	0.20	2	0.10	0.04
查看表面	0.11	1	0.11	0.03
包報紙	0.10	1	0.10	0.04
上箱	0.11	1	0.11	0.03
總計	1.02	9	0.92	0.20

生產平衡率＝1.02(秒)/〔0.14(秒)×9〕×100%＝80%

根據測得的工序作業時間，繪製平衡分析圖如下，該圖也稱爲山積圖，灰色部份表示工位損失。

圖 6-24

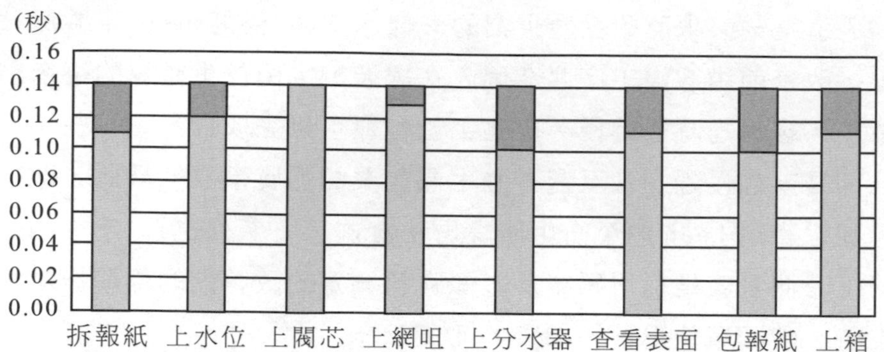

第一次改善：改善團隊應用 IE 的 ECRS 原則分析各工序的作業，首先對瓶頸工序的作業要素進行分析，將上閥芯改由雙手配合，使得其單位作業循環時間由 0.14 秒降低到 0.12 秒；接著將上箱的工位取消，改用流水線傳送。減少 1 個工位節省 1 人，經過第一次改善後分析其平衡效率如下，生產平衡率也提高到 5%，人員由 9 人減少到 8 人。

圖 6-25

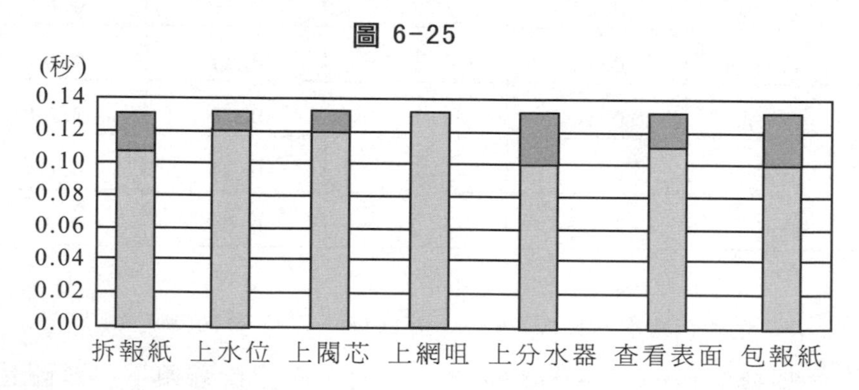

表 6-6

工位	總用時(秒)	人數(人)	作業時間(秒)	損失時間(秒)
拆報紙	0.11	1	0.11	0.02
上水位	0.12	1	0.12	0.01
上閥芯	0.12	1	0.12	0.01
上網咀	0.13	1	0.15	0.00
上分水器	0.20	2	0.10	0.03
查看表面	0.11	1	0.11	0.02
包報紙	0.10	1	0.10	0.03
總計	0.89	8	0.79	0.12

生產平衡率＝0.89(秒)/〔0.13(秒)×8〕×100%＝85%

第二次改善：在第一次改善的基礎上，改善團隊又經過細部分析，決定將試水機搬到流水線附件，產品安裝結束時就不用拆報紙了。

作業再排列改善，又節省 1 人，表面查看也由試水的人來負責，於是再節省一道工序。上網咀與上分水器合併，因爲經過改進後的分水器操作簡單，從而減少 1 人。經再次分析其平衡效率，LOB 提高到了 83.4%，工位減少到 5 個，人員減少到 5 人。

圖 6-26

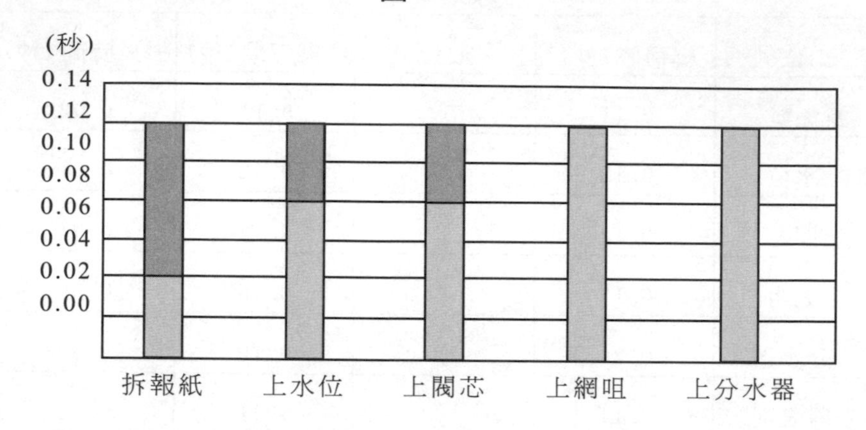

表 6-7

工位	總用時(秒)	人數	作業時間	損失時間
拆報紙	0.11	1	0.11	0.02
上水位	0.12	1	0.12	0.01
上閥芯	0.12	1	0.12	0.01
上網咀	0.13	1	0.13	0.00
上分水器	0.15	1	0.15	0.00
總計	0.61	5人	0.61	0.04

生產平衡率＝0.61(秒)/〔0.13(秒)×5〕×100%＝95%

本案例改善效果總結：

表 6-8

衡量指標	改善前	一次改善	二次改善	改善率
總耗用時間	1.02秒	1.89秒	0.61秒	40%
平衡率	80%	85%	93%	提高13%
作業人數	9	8	5	44%
流水線速度	0.144秒/個	0.13秒/個	0.15秒/個	7%

心得欄 ------------------------------------

第7章

從作業流程加以改善

一、製造作業流程改善

1. 什麼是製造作業流程

製造作業流程是指在生產一件物品從開始到完成所有的工序次序和管理工作的總稱。包括兩個方面的內容，一是生產製造流程，二是產品生產計劃與控制的管理流程。

製造活動開始都是從產品的製圖起步，這是一般生產的順序。眾所週知，所有的產品都是由無數個零件組成，將各種零件組裝成一個完成品的工序過程，就是產品的製造流程。

對產品或零件的製造不能光靠製造流程就能完成，對物料、工件的計劃、生產人員的協調等管理流程的優化才能確保生產的順利進行。

製造作業流程也稱爲工作程序，一個工作程序的設定是由所製造的產品的性質、數量、使用的設備、作業的人數以及最經濟的方式來決定的。多數現場作業人員和管理者，對於製造流程一般都很熟悉，但是對於生產計劃等管理流程不太重視，多數人認爲管理流程應該是管理者的事情，其實他們忽略了如果管理不當也會影響到個人的工作，所以對計劃管理流程進行必要的瞭解和掌握，是現場作業者有效生產的保證。計劃管理流程具體包括以下幾個方面的內容：

⑴作業程序計劃設定：包括製造的順序、方法和成本。

⑵物料計劃設定：生產所需的原料、供應的方法。

⑶生產工數設定：工作人數、最大負荷產量。

⑷生產日程計劃設定：生產的基準日程、交貨期。

2. 製造作業流程的管理方法

在現代生產企業中，因爲客戶對產品多品種、少批量的生產需求，一個企業已不可能只生產某一類品種單一的產品，在生產上必須使用有限的設備、人員、場地來生產不同類型的產品。這就需要合理的調配和有效的作業安排，才能避免生產上的混亂出現。所以必須對製造流程進行有效的管理。

⑴編制生產計劃

根據生產的期限，確定生產的程度，編制年度生產大計劃、月生產中計劃和每週生產小計劃。只有將生產計劃三級細分，才能確保產品製造過程的靈活性和目的性。

編制生產計劃的目的，通俗一點說就是將製造工作匯總成生產計劃表格，將生產時間、所用的工具、材料、設備、人員等詳細列明，使製造流程明確化。生產計劃的編制原則有下面三個方面：

①每項作業分配要合理

包括作業的準備和每位員工的作業分配要合理均勻。

②體現對每項作業的進度管理

在生產計劃中要明確作業的進度調整、修正和管理的方法以及對生產空閒時間的工作安排。

③明確每項作業完成後要幹什麼

包括不良品與現場事故的處理方法和所用時間以及接下來的工作計劃。

⑵制定製造流程管理程序

製造流程管理程序是指用標準化的方法將生產工序的內容、作業方法按一定的順序編成作業標準，使之成爲生產人員編排生產計劃和從事作業流程管理的依據。

表 7-1　製造流程管理表

流程項目	內容說明
程序計劃	作業方法、條件、時間；使用的材料、設備、人員、工具的設定
工數計劃	工作產量與生產能力的設定
日程計劃	交貨日期設定
物料計劃	物料的採購時間、交期、數量的設定
作業分配	生產前的作業準備、個人作業分配
作業控制	生產進度控制與修正、現場物品的管理
完工處理	不良品的修正處理、生產實況的記錄與上報

3. 工作程序要明確

⑴制定生產工序表

所謂生產工序表是指根據生產產品的規格編制的作業工程表，也叫零件組裝表。按照每一項作業的工序製作成指導生產加工的作業標準書，其內容包括以下幾個方面：

①作業方法

生產作業過程中的加工、組裝順序以及加工的場所、批量、完成加工所需的時間。

②生產操作員工

員工的職稱、技術水準、需要的人數。

③生產設備

組裝加工使用的設備、工模具、質檢器具。

④原材料

種類、數量、規格。

⑤生產成本

標準生產時間與實際生產時間的差距、生產產量。

⑵生產作業工序表的作用

生產作業工序表是把符合顧客要求的產品規格標準與生產企業自己內部的加工條件有機結合起來，形成的最方便最經濟的作業方法。它的作用有以下幾個方面：

①加工方法、材料的使用明顯化；

②工模工具的使用規範化；

③生產製造過程數據化。

⑶**形成生產基準程序**

想要有效使用生產作業工序表，就需要把以前的產品或工件的加工實績按作業的方法、時間、使用的設備等分別整理以後制定成「基準」，這樣才能發揮生產工序表最大的功效。

同時對於現場管理者來說，生產工序表是工廠一切程序計劃的核心，也是科學管理現場作業的關鍵，同時更是低成本、高效率進行現場生產的基礎。從生產工序表中編制的作業基準有以下幾個方面的內容：

①工作程序（步驟基準）；

②準備與生產時間（時間基準）；

③單位生產使用的物料（物量基準）；

④使用的設備（方法基準）；

⑤員工技術水準（技能基準）；

⑥生產空閒（寬餘基準）。

4.**日程計劃管理**

現場管理的人員最注意的是日程計劃，其理由是因爲工廠生產管理通常在廣泛的範圍內進行了複雜的分工，而爲了避免分散，就必須進行控制。

所謂日程管理是對每一個分工後的工序和作業指定完成日期，對實施情況進行檢查。因此，爲了合理地指定工序日期，有必要制定日程計劃。

根據日程計劃能把已作計劃的產品生產的全部份工予以整合。如果沒有日程計劃的指示，與生產有關的各成員只能隨意地進行生產。這樣就會延誤交貨期，產品不知何時才能完成。

下面是編制日程計劃的參考方法：

⑴**適時提供**

即使能立即湊齊設備和作業者，如果沒有生產原材料也不能及時進行生產；而材料如果過早地進入工廠，使待加工產品和庫存數增加同樣是令人不愉快的事情。最理想的是在必要的時間、必要的地點，送來必要數量的材料。這種狀態被稱作精益生產或同期化生產。

小剪刀、圓珠筆等零件構成簡單的產品，也許能輕易地實現適時提供和同期化生產。但是像汽車、電視機那樣的零件構成很多，工序很複雜的產品就非常困難。因爲在組裝工序裝配時，成千上萬的零件部必須一件不少地備齊。

裝配生產線是最終工序，而裝配前的工序很多，且分散在工廠內外的各個地方。因此，全部零件集中到裝配生產線的時機必須恰當。這就有必要爲各工序指定日期，並要求其嚴格執行。

在現代工業高生產率的環境下，許多產品我們都能以非常便宜的價格獲得。其中，最大的功臣可以說是適時提供的機制。

生產管理的日程計劃，原則上也是根據適時提供原理來制訂的。

⑵**倒計時計劃和順計時計劃**

日程計劃的設計有倒計時計劃和順計時計劃兩種。倒計時計劃先定下產品交貨期，然後用逆演算法決定各工序的開工日和完成日。

例如，A 產品交貨期爲 8 月 10 日，假設基準日程爲兩天，用逆演算法算出裝配的開工日就是 8 月 8 日。因此裝配需要的零件必須在 8 月 7 日到達。

與倒計時計劃形成對照的是順計時計劃。它以生產開工日爲起點向後推算，決定交貨日期。例如，假設某工序的基準日是 4 天，7 月 1 日開始作業，則交貨期爲 7 月 4 日。

在日資企業，傳統上普遍使用倒計時計劃，歐美企業，以前使用順計時計劃，但是在近年來正向倒計時計劃轉變。這就是受到讓顧客滿意觀念的影響。

⑶**時間安排**

日程計劃的制定方法應該由粗到細，有階段地進行變換。例如，在個別接受訂單進行生產的場所，由大日程計劃有步驟地細分爲中日程計劃及小日程計劃。

另外在預期型生產場合，則由月計劃進一步分爲週計劃和日計劃。但是即使如此詳細的計劃，也會出現「本週內開工」、「希望今日完成」等臨時指示的干擾。

同時因爲同一天的作業大都是複數形式。作爲作業現場的管理者和員工，就想具體地瞭解現在應先幹什麼。時間安排對此作出了明確的回答。

例如下圖，有 A、B、C 三種加工品，作業順序是 A—B—C 呢，還是 C—A—B，就必須要做出決定，這需要有相當的判斷力。

圖 7-1

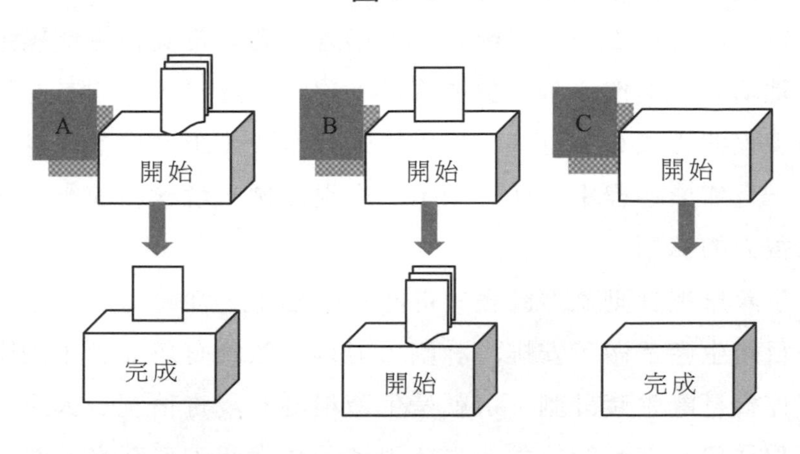

首先要考慮選擇怎樣的順序生產率最高，如有可以同一步解決的幾個加工品，則可將它們予以匯總。另外，當發生進度延遲時，即使把其他工作擱置在一邊，也要對其先加工。再有，對於有一定加工難度的事項，必須專門指定熟練的工人。

這樣進行時間安排，意味著在瞬息萬變的生產現場，要及時指定作業者，決定加工的優先順序。因而在傳統的生產管理時間安排時，要設置對現場情況十分瞭解的管理者。即使在現在自動化工廠及連續生產的生產線，時間的安排正成爲現場管理者的主要工作。不過隨著電腦的進步，人工智慧技術在不同領域的發展，有的已十分實用，把專家和熟練工人掌握的技術訣竅移植進電腦的人工智慧系統就是一個例子。

人工智慧系統在時間安排上的實用化方面，進展十分令人注目，工廠內的設備現在也都在進行自動化，引進這一系統將使自動化速度更爲加快。

5.**突發趕工作業應對方法**

當一個新員工加入工廠時，現場管理者要帶其在生產線進行實地培訓，讓他看整個製造流程，同時一邊看一邊向其說明製造流程的構成和運行的方式。目的就是要員工明白並親身體會，一旦作業過程中任何一個工序出現停頓，就會給前後工序帶來很大的麻煩。

生產日程計劃雖然已經做得非常詳細了，從每月到每週再到每日的生產都做了安排和計劃，但是仍然會有忽然到來的緊急工作會打亂生產計劃，這就是生產現場的現實情況，因爲在以客戶爲導向進行的拉動式生產中，一切生產工作都必須圍繞著顧客的需求轉，誰也不知道顧客會在什麼時候提出什麼樣的要求。所以生產現場必須具備能應對突發趕工作業的能力。

⑴**留出應對突發工作的時間**

在現場有一些很有經驗的管理者，會根據以往發生突發作業的頻率分析出一定的規律，然後在每日的生產工作安排時故意留出一定的空餘時間以應對突發工作，同時預備了不是很急的工作，如果這一天沒有出現突發作業，留出的時間就可以用來做預備的工作。

⑵**向員工說明情況，安排加班**

有時雖然作了萬全的準備，但在臨下班時也可能出現突發性工作，這時沒有其他辦法，要向員工說明情況並安排加班。安排加班對員工來說是很不情願的，但是作爲管理者這時不能怕得罪人必須要求員工及時應對突發工作，這也是現場管理者最不好做人的時候。但是要明白，如果一個現場管理者無法圓滿地完成突發性作業，就無法勝任現場的管理工作，因為有效應對突發性工作是現場管理的一項最現實的工作。

⑶從發生的原因方面進行改善

雖然說在現場突發性工作不可避免，但是不能說不可以優化，把突發性工作的原因加以分類，並設法進行改善仍然是必要的。要知道這種突發性工作的改善需要大家一起來完成，不管是現場管理者還是操作員工都不能有回避的心理，而看輕突發性工作的影響。

二、細分作業工序設定作業目標

1.使用工作項目分配表

將現場管理所有的工作內容加以分析整合，然後再將這些工作項目合理地分給每一位作業員工，使員工各自承擔起自己的工作任務，是現場改善的必要條件。在強調全員參加的現場改善體系中，如果員工的作業內容和工作職責不明確改善就無從談起。

將工作合理地分給每一位員工的有效方法，是制訂並運用員工工作項目分配表，工作項目分配表以作業時間和作業工序為分配基點，可以全面掌握工作分配的合理性和詳細性。其制訂方法如下：

依據一天的某項作業順序做成作業一覽表，明確工序和使用的時間，技術性和事務性的工作可以按照工作的週期性加以匯總分析，再按工作的單位來衡量。

表 7-2　××部門工作項目分配表

序號	工作名稱	月工作時間	王明		李明		張成	
			經理	月時間	主管	月時間	班長	月時間
1	搬運費用的結算	40小時	核對總箱數與搬運費用	4小時	核對統計結果與原始單據	16小時	收集搬運單據並統計	20小時
2	搬運生產力的記錄	10小時	核對搬運生產力並公佈	2小時	計算出搬運生產力	3小時	統計每日搬運箱數	5小時
3	……							

每一項工作那怕再小的工作都要毫無遺漏地填寫在工作項目一覽表中，形成作業明細表，並與每一位員工共同確認。工作分配完成後要報上級批准備案。

2.給每一個作業員工設定作業目標

(1)作業目標的作用和意義

人沒有目標就無法生活，這是眾所週知的道理。把一個人放到無邊無際的大沙漠中讓他無目的的行走，人很快就會消極下來，甚至會放棄求生的慾望。同樣的道理在工作現場，不明示工作的目的或目標就讓員工去執行工作，只會使員工喪失工作的熱情和幹勁。

對於現場普通的員工來講，就是告訴他們公司的經營方針和目標，也不見得會引起多大的關注，更何況你一點都不告訴他們時，生產消極情緒就是正常現象，這關係到人的本質，當你告訴他工作的目標時，也許員工心裏會認爲這與他沒有多大的關係，但是出於受到別人尊敬的滿足感和自尊心也會按目標的方向去努力達成。

目標管理在現在已成爲企業管理的一個很時髦的名詞，企業管理目標化也越來越受到人們的關注和重視。而工作現場的目標管理是企業一切目標能否達成的基礎，所以現場管理者要與員工一道制定適合現狀的作業目標並堅定執行。

⑵**制定現場作業目標的方法**

①目標細劃分，分給每一個現場作業員工；

②能量化的目標儘量量化；

③制定的目標在規定的時間內能達成。

三、利用各種創意方法改善作業流程

「培養創意的過程，就如同培養新的能力一樣。面對一個需要幫助的人，我們經常會說，給他魚吃，不如給他魚網。因爲，給魚吃只是治標，根本的困境仍然存在。然而，隨著創意時代的來臨，光是給魚網，恐怕也無法解決問題了，還必須附送一本捕魚秘笈，教會他捕魚的種種相關技巧，甚至學會自己找魚網、創造發明新的捕魚技巧」。

創意不一定必須是新的元素。想想看，所有的中文都是由點、豎、橫、折、撇、捺組成的方塊字，所有的英文都是由二十六個字母組成的，而所有的樂曲也都是由十二個音符組成的。因此，只要善於利用舊有的元素，也能產生令人耳目一新的創意。

1. **合併重組型**

有關創意的例子有很多，其中「合併重組」是利用得比較廣泛的創意例子。

⑴**從整體角度進行作業流程改善**

飛機跑道是舊元素，船也是舊元素，美國將這兩個元素結合，就開發出航空母艦，打破了傳統戰艦的思維模式，在進行作業流程改善中要打破固有流程的束縛，有從整體上進行革新的勇氣和意識。

⑵**組合不同作業流程進行優化創新改善**

將相機與手機功能合併，就出現了照相手機；將有線電視與網路結合，就出現了寬頻。

隱形眼鏡的藥水原本分成三種：洗淨液、沖洗液及保存液，實在很麻煩，於是廠商採用合併這一招，就開發出多效合一的藥水，方便又有效率。

如果將褲子與椅子結合，或許就能開發出可以當椅子的牛仔褲，遇到排隊等候或是走久了腿酸的時候，就不必爲找不到椅子而苦惱了。

我們也可以將現場不同工序的作業流程進行整合和創新，提高作業效率。

2. **「逆向思維」型**

還有一種「逆向思維」的創意方式也是非常常見的。我們從小學習任何事物或課程，都會依照一定的順序，久而久之，會逐漸習慣依照一定順序的思考模式。所謂「逆向思考」，就是從與習慣相反的角度切入，通常會激發出新的創意。

在日本有以老年人爲主要顧客群的專櫃裏，賣的都是給小孩子用的東西，方便老人家爲愛孫選購禮品，牆上貼的標語則是：「讓你獨享孫兒的愛」。想想，這樣的逆向思考不是很能夠創造新的商機嗎？現代人養的小孩越來越少，爲了討得孫兒的歡心，許多阿公阿媽都不惜血本，買一大堆孫兒喜歡的東西。不妨回想一下，當年麥當勞在促銷 Kitty 貓的時候，到處可見阿公阿媽大排長龍爲孫兒搶購的奇特景象。

另一個日本嬰兒食品企業的例子，也是採取「逆向思考」的技巧，將顧客目標轉向老年人進攻。嬰兒食品具有軟綿、低糖、營養又好吃的特點，正好契合老年人的飲食需求，意外地開發了另一個族群的顧客群；進而在行銷與包裝上稍做策略性地更改與調整。而在行銷心理上，則應用老年人不服老的反向思考，將其產品命名爲「趣味餐」，其趣味性適合零到一百歲的人群。這種反向思考不但拯救日益跌落的嬰兒用品產業公司，更意外地另外開闢出老年人適用的新產業。

以往，企業求才的方式，都是在報紙或媒體刊登廣告，然後等人前來應徵。這種方式對應徵者來說，必須到各媒體尋找適合自己專業及興趣的工作，非常辛若，而且常常因爲遺漏了某些媒體的求才廣告，而失去良機。後來有人採用逆向思考，自己主動刊登求職廣告，公告自己的專長及能力，讓僱主前來求才；不少人就是採用這樣的方式，找到了相當不錯的工作。

當我們在進行作業流程改善感到手足無措時，我們多半是按照流程從開始到結束這樣傳統的角度去想法改進，通過上面的事例的啓發，試著從作業流程的結束到開始這樣相反的角度去進行改善，會有柳暗花明的收穫。

3.創意活動的要領

心理學研究也表明，對於人的創造潛力而言，大多數人的創造性未得到充分發揮，只有極少數人的創造性得到了發展，而這極少數人也都具有較強的自我創新意識和創新精神，他們的創新潛力卻很難得到充分發揮。在開展作業流程改善中要大力提倡創意活動，因爲流程改善與每一位員工的作業息息相關，所以要激發員工積極參與改善活動的熱情。每一件成功的流程改善都是員工智慧結晶的體現。

開展創意就要充分激發員工的創新意識，盡可能讓員工自由發揮想像，往往能讓員工看到自身都無法相信的發揮。這種成果一旦受到肯定，特別是讚賞，不但滿足了員工的心理成就感，無形中也提高了該員工在其他工作上的積極性和創造性。以下著重說明啓發員工創意活動開展的要領。

⑴想像——圍繞作業流程改善主題讓員工對身邊的「問題點」充分發揮想像。

⑵內容——活動內容不在於大小，主要能解決問題的現狀。

⑶團隊——發揮團隊的智慧，俗話說「三個小皮匠，頂個諸葛亮」。

⑷實踐——當你想到一個好創意時，需要通過實踐才能證明你的這個創意適不適用。

⑸激勵──小改善也要大鼓勵的原則，建立一套人性化的激勵制度。

⑹儘量脫離工作現場，借鑑生活、媒體進行巧思構想。

4. 創意改善活動的新方法

⑴ NM 法

NM 法是由著名的創造工學理論家、實踐家中山政和先生思考出來的一種創造技法。NM 法的名稱由他的姓名縮寫而來。這種技法的特徵是，通過學習 NM 法的展開方式，培養自覺產生創意的頭腦。

那麼，如果具備了這樣的頭腦，NM 法則成為一種指南，可以指引掌管無意識記和形象記憶系統的右腦充分發揮其功能。NM 法基本上按下面的步驟展開。

第一步：設定改進項目。

儘量做到具體而又切實可行。

第二步：確定項目的關鍵字＝KW（KEY WORD）。

KW 如果是表現項目本質的也可以設定幾個。

第三步：想像類似事物＝QA（QUESTION ANALOGY）。

設問「例如，像……的」想出來便找實例，逐一記入卡片。

第四步：探尋類似想像的背景＝QB（QUESTION BACKGROUND）。

設問「這會怎麼樣？這時會發生什麼」將第三步驟想像出的背景、要素形象化，並用卡片表現出來。

第五步：想出一個創意＝QC（QUESTION CONCEPTION）。

設問「這會成為解決問題的創意嗎」。

第六步：將幾張卡片交叉、組合起來，歸納成解決方案。

例如，應用 NM 法想像「隱形煙缸」的步驟：

圖 7-2

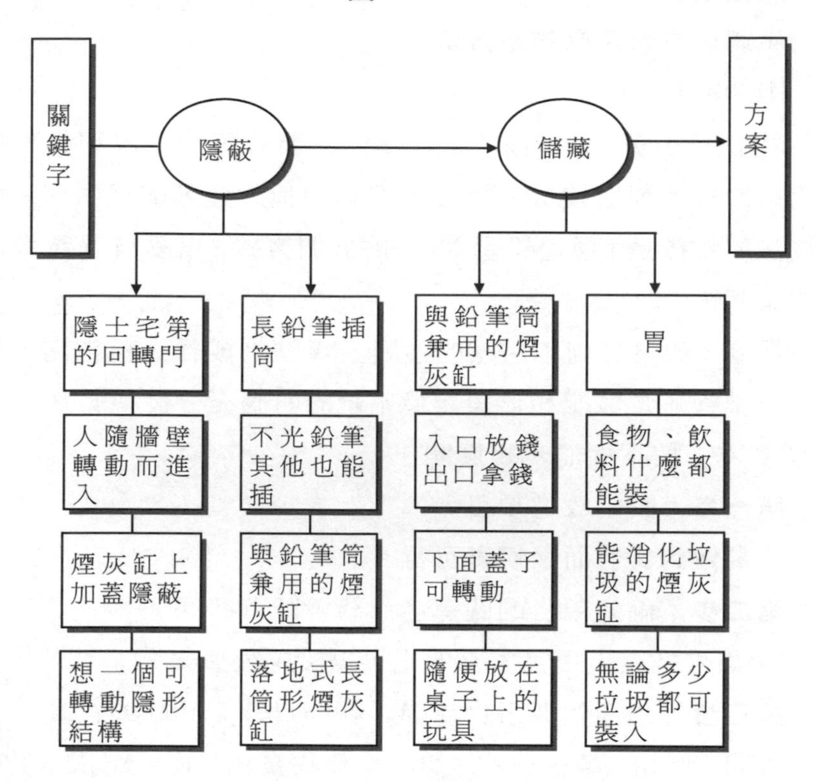

⑵ **KJ 法**

KJ 法是日本人創造、並得以大眾化推廣的一種創造技法，在智力活動現場、企業 TQC 活動等場合被廣泛應用。創造人是嘉多二郎先生。

這種技法的特徵是，為了解決一個問題。通過一定的程序來把握問題的實態，明確其原因和結果。因此，用它來歸納由集團思考法想出的創意最爲有效。KJ 法的成敗在於如何制定題目，按如下方式開展。

第一步：主題的設定。

第二步：情報的數據化──將集團思考法思考出的創意、想法每 1 項寫 1 張卡片。

第三步：分組──把相關的卡片集在一起歸爲一組。

第四步：制定題目──根據歸組的理由歸納出每組的題目把該組的卡片捆紮起來，將題目放在上面。

第五步：再歸納──按小組、中組、大組這樣的順序將標有題目的卡片一紮一紮地歸納起來，只宜歸納在 10 紮以內。

第六步：圖示化──在大紙張上配製標有題目的各紮卡片以組來分堆，再轉記題目，將各堆之間用關鍵字表示。

第七步：文章化──在配置圖的基礎上整理成文章，也可發表。

以上程序稱作 1 輪，如果主題複雜時需要好幾輪來解決。

隨著管理活動的推進和提高，創意越來越重要，如何培養創意能力，早已成爲各企業管理者關注的焦點。如果還是讓自己淪陷在僵化的思維之中，很快地，就會在創意巨浪的衝擊下，成爲被淘汰的一族。

例如，用 KJ 法解決兒童文化館生活化的步驟：

圖 7-3

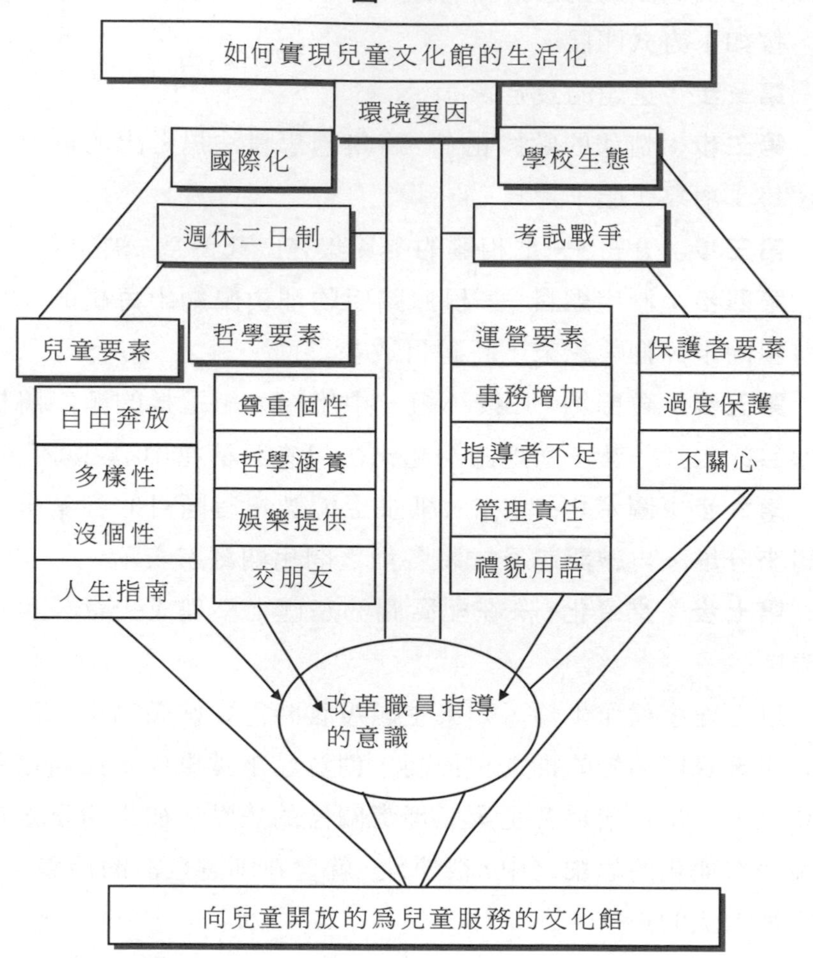

四、可視管理加以改善

現場裏，每天都會發生各種不同的異常問題。現場裏有兩種可能的情況存在：流程在控制狀態下，或是在控制狀態之外。

前者意味著生產順利，後者表示出了問題。可視管理的運作包含以現物、圖例、表單及績效記錄，清楚地展示出來，以便管理人員及作業人員，能經常記住那些影響 QCD 成功與否的要素。這些要素包括了從企業整體策略的展現，以至生產績效數字、最近的員工提案建議一覽表。所以，可視管理爲現場之屋不可或缺的基礎之一。

（一）要讓問題看得出來

現場的問題要讓它能看得出來。假使無法檢測出異常的話，就無法管理好整個流程了。所以，可視管理的第一個原則，就是要使問題曝光。

如果衝床上的模具壞了，生產出不合格品又無人知道的話，那不久就會生產出堆積如山的不合格品，然而，附有「自動化」裝置的機器，只要一有不合格品發生，即能自動停止生產。當機器自動停止，問題即能看得出來。

旅館的房客來到前台，要求一顆阿司匹林或鄰近好吃的餐館名單，旅館方面若無法滿足房客的這些需求，也算構成異常現象。列出房客最經常要求的事項，旅館的管理部門即能獲知服務不佳的地方，然後加以處置；這就是可視管理：使任何員工、經理、督導及作業員，都能看得見異常之處，以便能立即採取矯正行動。

大部分從現場產生的資訊，經過許多管理層的傳達，最後才送到最高管理人員，因此在往上級呈報途中，資訊就愈來愈抽象而遠離了事實。然而，在實施可視管理的場所，管理人員只要一走入現場，一眼即可看出問題的所在，而且可以在當時、當場下達指示。可視管理的技法，使得現場的員工得以解決這些問題。

製造業的現場，最好要做成：一旦檢測到異常之處，生產線即能停止生產。大野耐一曾說過，一條絕不會停止的生產線，不是太完美了（當然，這是不可能的），要不就是極端差勁。當生產線一旦停止，每一個人都能認識到發生了問題，然後會追求確保此生產線，不會再因相同的原因停止下來。「能停止的生產線」，是現場可視管理最好的例子之一。

（二）要到現場去接觸事實

可視管理第二個理由，就是要使作業人員及督導人員能當場直接地接觸到現場的事實。可視管理是一種很可行的方法，用以判定每件事是否在控制狀態之下，以及異常發生的時刻，即能發送警告的資訊。當可視管理發揮功能時，現場每個人就能做好流程管理及改善現場，實現 QCD 的目標。

（三）可視管理的 5M

現場裏，管理人員必須管理 5 個 M：人員（Man Power）、機器（Machines）、材料（Materials）、方法（Methods）及測量（Measurements）。任何與 5M 有關的異常問題，都必須以視覺化地呈現出來，以下是在這 5 個範圍裏，需詳細視察使之視覺化。

1. **人員方面（作業員）**

作業員的士氣如何呢？可由提案建議件數、品質小組參與率及缺勤次數來衡量。你如何知道生產線上，今天誰缺席，由誰替代他的工作？這些事項要在現場做成「視覺化」。

你如何知道作業員的技能？現場裏的公佈欄，可以張貼出誰已接受過何種工作訓練，誰還需要再施以其他的訓練。

你如何知道作業員的工作方法是正確的呢？「標準化」即是用來規定正確的工作方法之用，例如：作業要領書及作業標準書都必須陳列出來。

2. 機器方面

你如何知道機器正在製造良好品質的產品？是否附有自動化及防錯裝置：一有錯誤發生時，機器能立即自動停止下來。當管理人員看到一部停下來的機器時，我們必須知道爲什麼。是否是計劃性的停機？因換模設置而停機？因品質問題而停機？因機器故障而停機？因預防保養而停機？潤滑油的液位、更換的頻率和潤滑油的類別，都必須標示出來。金屬外蓋應改爲透明式外蓋，當機器內部發生故障時，才能使作業員能夠看得見。

3. 材料方面

你如何知道物料的流動是否順暢？你如何知道材料是否超出所能掌握的數量，以及是否生產過多的數量。將附有證明最少庫存數量的看板附掛於在產品的批量上，作爲前後流程之間生產指令的溝通工具，就可使異常現象看得見。

物料儲存的位置要標示出來，並且要標明庫存數量水準及料號。可以用不同顏色做區分，用以防止失誤。可以利用信號燈或蜂鳴器，突顯異常現象，例如供料短缺。

4. **方法**

督導人員如何知道作業員的工作方式是否正確？將作業標準書張貼在每一個工作站上就清楚了。這些標準書上要註明工作的順序、週期時間、安全注意事項、品質檢查點，以及變異發生時，要如何處置。

5. **測量**

- 你如何檢查流程是否正常運轉？量規上必須清楚標示出正常的作業範圍。感溫貼紙要貼在發動機上，以感測出是否產生過熱的現象。
- 你如何知道改善是否完成了，以及是否未達成目標，仍在進行中？
- 你如何發覺精密的設計是否已經被正確地校正過了？

現場裏要掛出趨勢圖、提案建議件數、生產進度、品質改善目標、生產力改進、換模時間縮短，以及工業意外事故的降低。

(四) 公佈標準

當我們走入現場，可視管理即能顯現出現場績效的成果。我們看到生產線旁，有多餘供應物料的箱子；裝載物料的台車沒有放在指定的格位內；通道上放滿了箱子、繩子、不合格品及地毯時，就知道發生異常了(通道就其意是供通行之用，不是一個儲存場所)。

將作業標準張貼在工作站的正前方，就是可視管理。這些作業標準，不僅是用來提醒作業員工作的正確做法，而且更重要的是，使管理人員得以判定工作是否依據標準在進行。當作業員離開了他們的工作崗位時，我們就知道有了異常現象，因為，掛在工作站正前方的標準作業表，明確規定了在工作時間內作業員應在哪兒工作。當作業員無法在週期時間內完成他們的工作，我們就不能期望今天能達成生產目標。

雖然「標準」記述了作業員該如何做好他們的工作，卻經常沒有明確記錄，在異常發生時該如何處置。標準首先應當記述如何確認異常，然後再列出應如何處置的步驟。

每日的生產目標也應當要視覺化。每小時及每天的目標，要陳列在公告欄上，其旁邊記錄實際產量數值。此項資訊能給督導人員預警，以採取必要的對策，以達成目標，例如調動人員支援進度落後的生產線。

現場所有的牆壁，可以轉變為可視管理的工具。下列的資訊，應張貼在牆上及工作本上，讓每一個人知道 QCD 的現狀：

品質的資訊：每日、每週及每月的不合格品數值和趨勢圖，以及改善的目標。

不合格品的現物應當陳列出來，給所有的員工看(這些現物，有時稱之為「斬首示眾台」，此詞是從中古時代，將罪犯斬首陳列于村中廣場而來)。這些不合格品，經常被用來當做訓練之用。

- 成本的資訊：生產能力數值、趨勢圖及目標
- 工時
- 交貨期的信息：每日生產圖表
- 機器故障數值、趨勢圖及目標

・設備綜合效率(Overall Equipment Efficiency，OEE)

・提案建議件數

・品質小組活動

對每一特定的流程，也許需要再公佈其他的資訊項目。

(五) 設定目標

可視管理的第三個目的，是使改善的目標能清晰化。假想有一家工廠，受到外界的要求必須在6個月內降低某一特定衝床的換模時間。在此例中，我們就在機器旁邊，設立一塊佈告欄。首先，將現在的換模時間(舉例來說，在1月份爲6小時)畫在圖上。其次，再畫上目標值(在6月份爲1.5小時)。然後在此兩點之間連接成一條直線，表示出每個月所需達成的目標值。每一次換模時，就測定時間，然後標在圖上。爲協助作業人員達成目標，便必須給予他們特別的訓練。

一段時間後，難以置信的事情發生了。實際換模時間，開始沿著目標直線走！此乃因爲作業員對目標有了認識，而且瞭解到管理部門期望他們達成目標。無論何時，一旦換模時間數值跳到目標線之上，他們就知道有異常(工具遺失等)發生了，然後採取行動，以避免往後再次發生這樣的錯誤，這就是可視管理很有功效的作用之一。數字本身並不足以激勵員工，缺少了目標值，數字就是死的。

改善事例：

這是一家電視機工廠，觀察焊錫工人有關的工作時，很有趣味的經驗之一。平均來說，每一位工人，每個產品要焊 10

個焊點，每天要做 400 個產品，一天總共要焊 4000 個焊點。假設一個月工作 20 天，那麼一個月就要焊 80000 個焊點。一部彩色電視機大約需 1000 個焊點。當然現在都用自動焊錫機了。而焊錫工人被要求缺點率要維持在很低的水準，每 500000～1000000 個焊點中，不得超過 1 個以上的缺點。

到工廠參觀的訪客，經常會對從事如此單調的工作，而又不會發生嚴重的失誤而感到驚訝！但是，讓我們想想看，人類所做的另一種單調的工作，以走路為例吧，我們終生都在走路，一而再、再而三重覆相同的動作。這是一種極度單調的動作；但仍然有些人，像是奧林匹克運動會的選手，他們致力於追求打破紀錄。這可以拿來比喻在工廠裏，是如何來達成品質控制的目標。

有些工作可以是很單調的，但假使我們能夠給予工人一種執行任務的感覺，或是一個目標去追求，則即使在單調的工作中，也能保持著工作的興趣。

改善的終極目標，就是要實現最高管理部門的方針。最高管理部門的職責之一，就是要設定公司的長期和中期方針，以及年度方針，並且要以視覺化陳列給員工知道。通常這些方針，都是陳列在工廠的大門口處、餐廳以及現場。當這些方針逐層往下一個管理層展開時，最後就會展開至現場的層級，每一個人就知道，為何必須要從事改善的活動。

當現場的員工瞭解到，他們改善活動與公司的經營策略相關時，以及存有執行任務的感覺時，改善活動在現場員工的心目中，才能變得有意義了。可視管理有助於認定問題，突顯出目標與現狀之間的差異。換言之，它是一種穩定流程(維持的功能)以及改進流程(改善的功能)的一種工具。可視管理是鼓舞現場員工達成管理目標很有效的工具。將達成的目標及向目標前進的趨勢，以視覺化的方式表現出來，可使作業人員發掘許多的改善機會，增強他們自己的工作績效。

心得欄 --------------------------------

第 8 章

從快速換模加以改善

企業要成功實現快速換模改善，達到大幅度降低換模時間的目的，就要建立符合標準換模過程的規範。

一、縮短換模時間

1. 換模時間的定義

即是從完成上一個型號最後一件合格產品，到生產出下一個型號第一件合格品所花費的時間。

2. 換模時間的類別

圖 8-1　換模時間分類

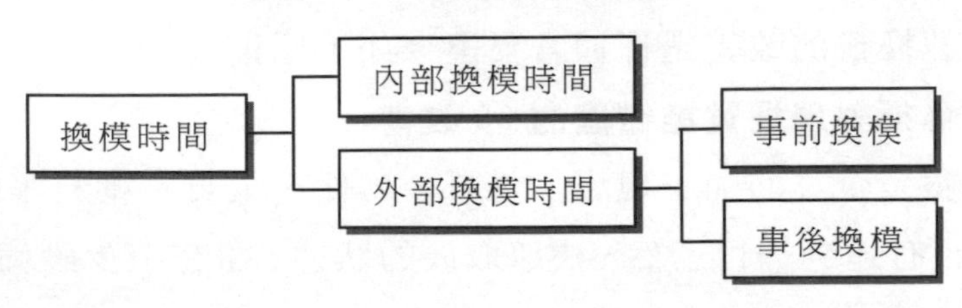

⑴內部換模時間即指必須停機才能進行操作的作業切換時間，以及為保證品質而進行調整、檢查等所需的時間。

⑵外部換模時間即指不停機也可進行的作業切換時間，如模具、工夾具的準備、整理的時間等。

3. 標準換模過程

標準的換模過程，如下圖所示。

圖 8-2　標準換模過程

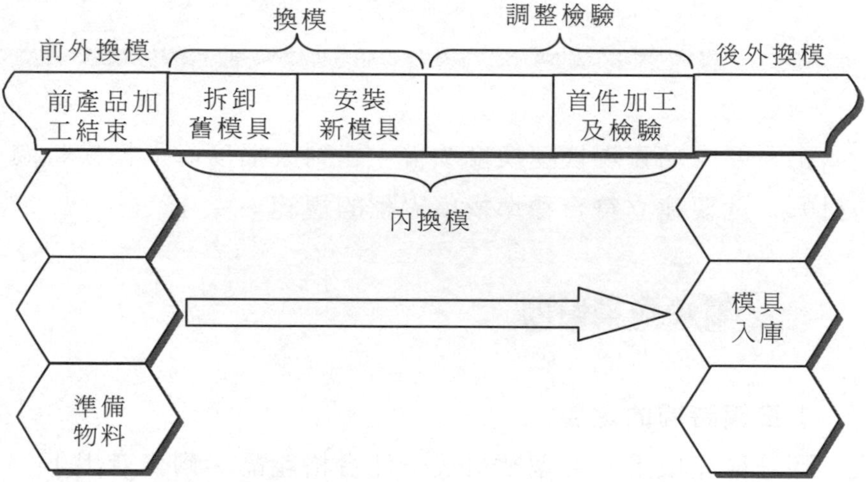

二、快速換模的四個原則

快速換模的改善過程通常要遵守如下原則：

1. 必須對現場實施徹底的 5S 改善

在很多企業的加工現場，物料、零件、工具、輔料等的放置，還沒有達到一目了然、快速取放的狀態。還有不少設備（即使是新購買不久的）佈滿了灰塵和油污，使加工的行程、參數調整無法操作和讀取。如果企業不對現場進行徹底的5S改善，實施快速換模的各項方法就無從談起。另外，通過5S來規範操作者，使其對每一個工作細節都形成「三定三要素」的要求並堅決執行，有利於讓我們的員工養成按標準操作的習慣。

2. 正確區分內部換模時間和外部換模時間

「不得不停機進行操作」是內部換模的本質要求，因而企業在對換模進行分析時必須把握這點，否則，會導致很多本應判定爲外部換模的作業被判定爲內部換模而失去了改善機會。

許多現場管理者對切換作業缺乏正確的認識，對於內部換模與外部換模的區別也就茫然不知。

所謂內部換模，是指必須在機器停止生產的狀況下，才能做切換動作的作業，有時也稱爲「線內作業」，如工裝夾具的切換等。相反，凡不需要機器停頓即可在事前或事後做切換的作業，就稱爲外部換模，有時也稱爲「線外作業」，如準備工具、拆下物的放置、放置台的準備等。

在換模作業中，確定那些換模是能外部完成的，那些是只能在內部完成的，這對企業來說十分重要。由於傳統的換模沒有內外部換模分離的觀念，往往是外部就能完成的換模也要在機器停頓的狀態下進行，從而導致換模時間的拖延。

3. 將「內部換模」轉化為「外部換模」

即在在現有條件下，只能實現內部換模，但通過工具、夾具、設備及週邊體系的技術改善等，內部換模也有可能轉化爲外部換模。

4. 降低內部換模時間

降低內部換模時間是很多改善人員容易忽略或刻意回避的問題，但實際上，通過優化操作動作順序、改善技術，它也有可能被降低。

三、設備效率評價指標

要對設備進行快速換模改善，企業還需要瞭解設定管理指標。

1. 設備停機時間

無論是因爲換模、品質，還是設備故障、缺料等問題，只要導致設備停機，都會降低設備產能，影響既定的生產計劃。那麼，該如何管理設備停機時間呢？

⑴區分停機原因類型

原因主要有：換模、調試、檢查待判定、缺料、無生產計劃、設備故障、停機保養、模具修理、加工品質問題、作業異常、批量返工、早晚令、設備預熱以及其他原因。

⑵採用《設備運行記錄表》

針對主要設備，每天如實記錄各類停線時間和原因及其類型（見表 8-1）。

表 8-1　設備運行記錄表

設備名稱：　　　　　　設備編號：　　　　　　日期：　年　月

班次	生產批號	產品生產情況		設備停機記錄			
		產品型號及規格	產量	停機開始～恢復開機	時間（分）	原因分類	詳細原因描述
				：～：			
				：～：			
				：～：			
				：～：			
				：～：			
				：～：			
				：～：			
合計				合計			
原因分類： 1.換模、2.調試、3.檢查待判定、4.缺料、5.無生產計劃、6.設備故障、7.設備保養、8.模具修理、9.品質問題、10.作業異常、11.批量返工、12.早晚令、13.設備預熱、14.其他原因。							
記錄者：							
備註：							

(3)統計設備待機時間

企業應定期對設備停機時間進行統計，對此進行分析並確定改善重點。

2.設備綜合效率（OEE）

OEE 的計算公式：

$$OEE = 時間稼動率 \times 性能稼動率 \times 良品率 \times 100\%$$

$$= \frac{稼動時間}{負荷時間} \times \frac{理論\ C/T \times 生產數量}{稼動時間} \times 100\%$$

$$= \frac{理論\ C/T \times 良品數量}{負荷時間} \times 100\%$$

案例：

×月×日加工日報	A 零件	理論節拍：2 分
作業時間：58 分	生產數量：200 個，良品數量：190 個	
負荷時間：5010 分		
稼動時間：440 分		

$$時間稼動率 = \frac{稼動時間}{負荷時間} \times 100\% = \frac{440\ 分}{500\ 分} \times 100\% = 88.0\%$$

$$性能稼動率 = \frac{理論\ C/T \times 生產數量}{稼動時間} \times 100\% = \frac{2\ 分 \times 200\ 個}{440\ 分} \times 100\% = 90.9\%$$

$$良品率 = \frac{良品數量}{生產數量} \times 100\% = \frac{190\ 個}{200\ 分}$$

$$設備綜合效率 = 時間稼動率 \times 性能稼動率 \times 良品率 \times 100\%$$
$$= 0.88 \times 0.909 \times 0.95 \times 100\%$$
$$= 75.99\%$$

四、改善換模的實施步驟

快速換模的改善著眼點是減少換模時的生產停頓時間。這種停頓的時間愈短愈好。爲了減少換模時間，企業一定要依照下列步驟，循序漸進、按部就班地進行，否則，即使進行了不少改善，效果也未必很好。

1. 分解換模作業

現今，數碼影像的設備應用非常廣泛，也不會花費太多資金。在快速換模的改善中，廣泛應用攝像方法，特別是在現狀分析階段，可以拍下整個換模週期中所有的操作動作，然後對照錄影一一分解動作。當然，開展改善前，選定典型零件也是必需的。

(1) 企業在分析換模現狀時應把握的要點

- 從開始停機到下一批產品第一個零件開始生產，都有那些具體操作內容和動作？是誰在操作？消耗了多少時間？
- 那些操作消耗時間多？那項操作消耗時間最多？
- 使用《換模作業分析記錄表》，進行作業分解（見表8-2）。

表 8-2　換模作業分析記錄表

編號	切換項目	作業具體內容	時間（秒）	作業分類	
				內	外
1	換模準備	找模具	74		√
		模具運輸	132		√
		吊模前準備工作	81		√
2	拆模	模具防銹	40	√	
		吊模	27	√	
		拆螺絲（4 個）	189	√	
		等待	65		√
		警報處理	26	√	
		吊模	94	√	
		拆水管	45	√	
		拆水嘴	67	√	
		模具下降到模車上	56	√	
3	裝模	吊模	69	√	
		裝水嘴	109	√	
		再次吊模	14	√	
		裝水管（及水嘴 1 個更換）	101	√	
		再次吊模（模具下降）	76	√	
		模具位置調整	245	√	
		馬夾安裝 4 個	545	√	
		裝水管	42	√	
		水嘴及水管更換	267		√
		自動循環	65	√	
		5S 整理	20		√
4	開機試做	機械手安裝調整	1097	√	
		模具清掃	10	√	
		條件調整（開模）	47	√	
		加熱筒清掃	358		√
		開機調試	1446	√	
		品質判定	270	√	
合計			5677	4680	997

⑵**企業在記錄與分析換模現狀時應注意的問題**

- 每次進行換模作業，所花時間是否有很大差異；
- 換模作業的方法或順序是否因人而異、因心情而異；
- 是否有較多的卸螺絲、擰螺栓的作業；
- 這項換模工作是否只有 1 個人（或極個別人）能做。

2.**區分外部與內部作業**

改善的開始就是要將整個換模作業分爲內部換模作業與外部換模作業。在換模作業中，因沒有工具而去尋找，或螺帽不合適而去尋找等現象在許多企業中頻頻發生，就是因爲內外部的換模作業不明確。這既影響了作業者本人的工作情緒，又造成了極大的時間浪費。因此，我們列出了區分內部換模和外部換模時需要考慮的重點事項。

⑴**應該事先準備或確認的工作**

- 必要的工裝夾具；
- 計測器、模具的放置場所；
- 必要的零件種類、數量等。

⑵**按照 3 不原則確認操作過程**

- 不尋找（物品、工具、零件）；
- 不移動（設定放置台、放置場所，減少二次移動）；
- 不亂用、誤用（不使用標準以外的工具）。

⑶**分析作業方法的有效性**

- 作業方法是否適當；
- 是否變動因素較少；
- 作業上有無困難；

・改善的要點是什麼；

・作業方法是否統一；

・作業要點是什麼。

⑷**分析作業順序**

・設定外部作業名稱及順序；

・設定內部作業名稱及順序；

・現作業順序是否良好；

・順序變換的必要性；

・實施作業的狀況如何。

⑸**分析多人同時換模的作業分工**

・作業範圍的分擔；

・人員的配備。

有效實施以上事項，能使現階段的換模時間縮短 30%～50%。把握設備、工裝夾具、作業方法上的問題點，爲進一步縮短換模時間明確了改善課題。

3. **內部換模變為外部換模**

在明確內外部換模作業後，接下來企業的改善重點就是要將內部換模作業設法轉變爲外部換模作業。減少內部換模作業的時間，就等於減少了整個換模時間。例如，有些模具必須調整行程的內部作業，我們可以利用墊片或塊規使模具高度標準化，如此就可以免去行程調整的內部作業，而轉移到設定標準化的外部作業上去了。又如，有些模具必須先從高溫降到常溫之後才能開始卸模，新模裝上後又必須等待升到工作溫度時才能開始生產，這種降溫、升溫的動作常常要耗費數小時之久。

事實上，我們可以加裝隔熱裝置使其在高溫時也能卸下；在新模裝上之前，便可以預先加熱到工作溫度，只要一裝上模具就可立即開始生產了。

以下是內部換模作業外部化的一些方法：

⑴**成套安裝**

使用多種零件的場合，不要一個一個地安裝，要盡可能地事前組裝，再成套地進行安裝或交換。

⑵**工裝夾具、計測器共通化與「一觸即可」**

比較製品的工裝夾具形狀，嘗試部份共通化；同時，應積極尋找「一觸即可」的方法。

⑶**排除調整**

減少內部換模作業的調整，使其更多地向外部轉移。

⑷**使用特殊工裝**

很多企業在做刃具交換時，每次都要進行定心調整。其實，只要我們不將刃具直接安裝在刃具座上，而是安裝在事先標準化的、高精度的特殊工裝上，再將特殊工裝安裝在刃具座上，如此便可以消除定心作用了。

4.**縮短內部時間**

SMED 改善的第四個步驟，就是要針對內部換模作業的動作本身進行改善，嘗試用簡單的方式來縮短內部作業的時間。這一階段的改善雖然有一定的難度，但通過工裝夾具的共通化、實現換模時的「一觸即可」、安裝及固定方法的改善、排除調整作業等方式，仍然可以大幅度縮短內部換模時間。

爲了打開改善思路，改善者應該帶著以下疑問來尋找改善思路：

・是否還有緊固螺絲的作業，只要 1 圈就可以了嗎？

・能否採用不用螺絲的插入方式和固定方式？

・能否廢除調試作業，需要創造那些條件來實現？

・能否將前後作業改爲並行作業？

爲縮短內部換模時間，改善者還可以參照以下改善法則來確定改善思路：

⑴**平行作業**

所謂平行作業，是指兩人以上共同進行換模動作。平行作業是最容易且能立刻獲得縮短內部作業時間效果的方法。由一個人進行需耗時 1 小時才能完成的換模作業，若由兩個人共同進行，也許只要 40 分鐘甚至 20 分鐘就能完成。雖然在平行作業中，會因增加人員而導致人工成本增加，但這不是平行作業所考慮的重點，況且，縮短換模時間所獲得的效果遠大於增加的人工成本。在進行平行作業時，改善者應對兩人之間的配合進行充分的分析，保證作業者的動作熟練，以減少相互間的幹擾，特別還要注意安全，千萬不可因爲疏忽而造成意外傷害。

⑵**手動**

腳不動的換模動作主要是依賴雙手的動作來完成，因而要盡可能減少腳的移動、走動的機會。所以，換模時必須使用的工具、模具、清潔器材等都必須放在專門位置上，並且要有順序地放置好，以減少尋找的時間。模具或物料的進出線路也必須設計成最容易、最便利的方式。最後，換模動作的順序也要實現合理化及標準化。

⑶使用專用的工裝具

所謂工具，就是一般用途的器具。而專用工裝具則是爲專門用途而特製的器具，就像魔術師表演所用的撲克牌一樣是經過特殊設計的。

換模動作應該盡可能地使用專用工裝具，因爲專用工裝具是有針對性的設計，可以提高換模的效率，縮短換模的時間。此外，測定的器具也要專用化，用塊規等方式來替代用量尺或儀錶來讀取和測定數値。當然，專用工裝具的種類不是越多越好，減少尋找和取放專用工裝具的時間也是企業的改善對象。

⑷與螺絲「不共戴天」

在固定模具中，螺絲是最常見的。使用螺絲當然有其必要性，但是螺絲的鬆緊動作所耗費的時間通常佔用了不少的換模時間；同時，緊螺絲的圈數太多，也要耗費時間。如果我們仔細觀察，便可以發現，我們濫用螺絲的地方真是太多了。例如，只需要 4 個螺絲便足夠的地方卻用了 6 個；螺絲的旋轉圈數太多，而真正起作用的只是最後一圈而已。

因此，爲了節約換模時間，消除使用螺絲時的固有方式就成了改善的最佳對策。企業要樹立視螺絲爲「不共戴天之仇，必去之而後快」的意識。例如，用插銷、壓杆、夾具、卡式插座、軸式凸輪鎖定、定位板等來取代螺絲的作用。

⑸不要取下螺栓、螺絲

在某些必須要使用螺栓或螺絲的場合，改善者也要設法努力減少上緊及取下的時間，最好能做到不取下螺栓或螺絲又能達到鎖定功能的目標。最常見的方法就是旋轉一次即可上緊或鬆開。例如，可以把 C 字形的開口墊圈墊在螺帽下，螺帽旋轉放鬆一圈後便可將 C 字形墊圈從開口處取下，達到完全鬆開的目的；上緊時反向行之，也只需旋轉一圈就可達到擰緊的目的（見圖 8-3）。

圖 8-3　C 字形開口墊圈的使用方法

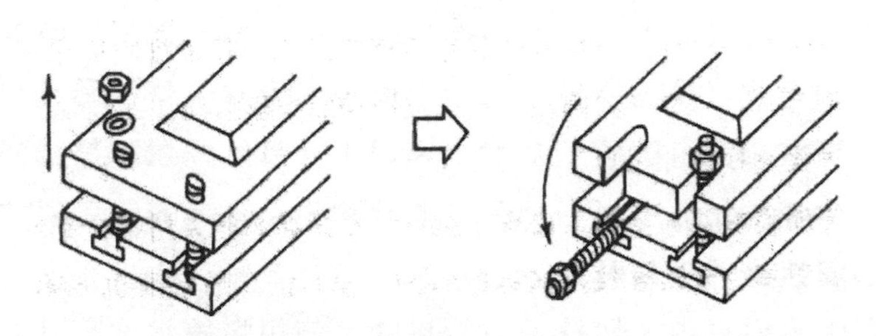

另外，使鎖緊部位的高度固定化也能達到減少換模時間的目的。過高的鎖緊部位要削低至標準高度；過低的鎖緊部位可以加上墊塊以達到標準高度。當每個模具的鎖緊部位的高度都實現了標準化後，便可以減少鎖緊或放鬆的旋轉次數，當然也就減少了換模時間。

(6)**基準不要變動**

換模作業是因產品的不同而必須更換不同的模具或工作條件造成的。因此，企業必須對調整動作設定基準。調整動作時間通常佔到整個換模時間的 50%～70%，而且調整的時間長短變化很大。運氣好時，一下子就調整好了；反之，則要花費數十分鐘，甚至數小時也不足爲奇。對於調整作業，改善者首先要有「調整也是一種浪費，不是必要動作」的想法，要以減少調整動作爲改善目標。

要消除調整的浪費，改善者一定要堅持基準不動的法則。換句話說，在機器上已經設定好的基準，不要因爲更換模具而變動。有以下做法可供參考：

・不要拆卸整個模具

例如，保留模座，只更換模穴的母子式構造方式便可以消除模具的設定動作；也可採用雙組式的方式來進行換模作業，即一組正在加工中，另外一組已經將備材設定好了，換模時只需旋轉過來即可達到換模的目的。

・使用樣板

當注塑機必須根據所使用的模具設定數個不同的衝程或條件時，企業可以在調整時設定一個樣板，套上去用手一撥即可全部一起設定好。

・取消刻度式或儀錶式的讀取數值方式

取消使用刻度式或儀錶式讀取數值的方式，儘量改用塊規等容易取放的方式，可以減少調整時間，進而縮短換模時間。

・設置換模專用台車

將所需模具、專用工裝具、換模作業標準及相關器材全部放在台車上，以減少來回尋找及搬運的時間，模具的擺放場所也要明確化，通過編號、目視管理等方式做到一目了然。把需要使用的工具和材料按照使用順序預先準備妥當。器具、儀器、專用工裝具不要以功能類別來放置，而應該以產品類別或模具類別放置於專用箱子或架子上，最好是成組化。最後，使用查核表點檢所需器材是否齊全。

下面的工作場景一定是所有換模人員希望達到的：

設備正在加工零件 A，接著要加工零件 B。在加工零件 A 時，作業者可以爲加工零件 B 作準備，將加工零件 B 所需的工裝夾具、模具和機器附件準備好，按使用順序在一定位置處擺放整齊。當設備加工完零件 A，馬上就可以拆卸加工零件 A 所用的工裝夾具、模具，換上加工零件 B 所需的相應裝備。

・能簡則簡

只要能完成既定的加工任務，機器應該越簡單越好。複雜的機器不僅價格昂貴，而且由於元器件多，可靠性也低。很多普通設備和技術裝備經過改造，是可以縮短調整準備時間的。

・標準化

由於外部換模作業沒有準備齊全，所以在內部換模作業時，因爲找不到所需要的專用工裝具或者是模具錯誤等，必須臨時停下來尋找或修整模具，從而造成整個換模作業時間變長。因此，企業需要對外部換模作業進行改善，實現標準化（見表 8-3。

按照標準的作業換模方法反覆訓練作業人員，逐步加快作業速度，使其在極短的時間內完成調整準備工作。此外，平常的清掃、整理、整頓的工作必須做好，這些都有助於作好外部換模作業的準備工作。

根據快速換模的方法，按步驟一步一步實施，其獲得的效果是十分驚人的，大型裝置生產線上的整體作業換模時間從 2 小時縮短到了 1 分半鐘。作業換模時間的縮短，不僅可以減少在製品儲存量，縮短生產週期，而且對降低資金佔用率，節省保管空間，降低成本，減少不良品都有很大的作用。

表 8-3　外部換模作業改善標準

作業改善標準	快速換模技術與作業標準	文件編號		
	模具吊環安裝干涉對應方法	版本	版次	受控狀態
		A	0	(參考使用)

針對現在量產使用的模具，在模具吊運作業前，安裝吊環發生運水嘴、管以及行位退出彈簧干涉(干涉的定義是不解除水嘴、彈簧等，吊環不能全部安裝到位)吊環的現象，特提出新模具在生產準備時按下述推薦的解決方案進行對應。

1. 圖一案例

在定模(A 板)和動模(B 板)上 A、B 吊環安裝孔，運水嘴可能干涉吊環的安裝，可將吊環安裝孔變更在 A1、A2、B1、B2 位置。

B1 A1 B A B2 A2

○吊環安裝孔·運水嘴

圖一

2. 圖二案例

在發生吊環安裝干涉的情況下，可參照圖一製作「加長螺栓」，將「加長螺栓」固定在模具的吊環孔上，再將吊環安裝在「加長螺檢」上。

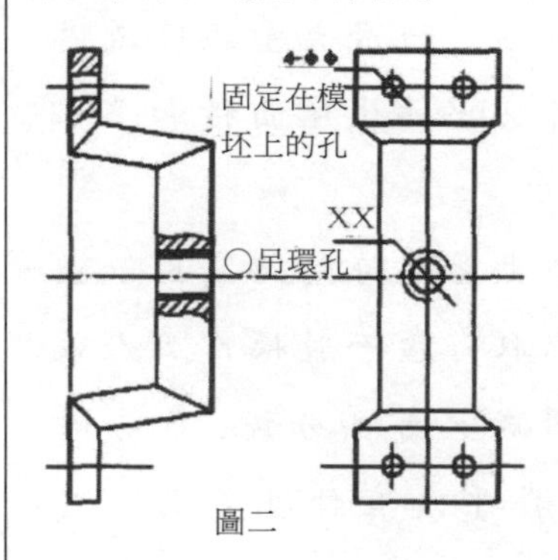

圖二

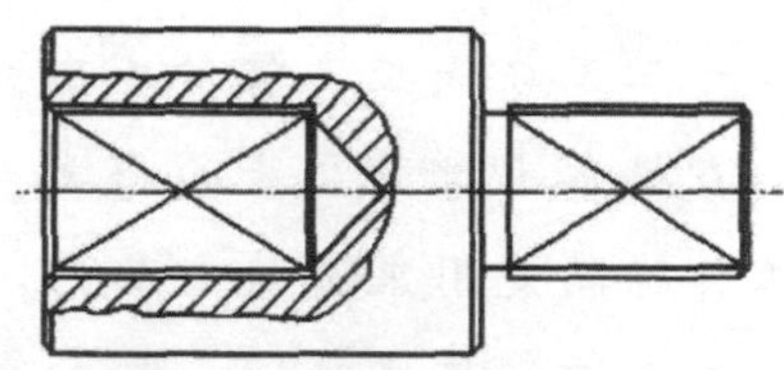

3. 圖三案例

在模具中心吊環孔與運水、行位彈簧干涉的情況，可加工圖三部品，安裝在模具上，吊運時採用該部品的吊環

4. 其他對策

在新模具準備時，絕對不允許吊環安裝與運水、行位彈簧發生干涉，有干涉發生時，應迅速予以解決。

如上所述，達到這樣的目的並不一定必須引進最先進的高性能設備或花費大量的資金，而只要在作業現場動腦筋、想辦法、下工夫就可能實現。而且這些具體做法也並不是精益生產方式的首創，而是多年來生產管理學早就總結過的一些方法。所以，企業要使生產線具有能夠實現精益生產的高度柔性，並不一定就是購進 FMS 那樣的高性能設備，而應該首先致力於作業水準的改善。

在汽車生產中，需要大量的衝壓件。衝壓件的加工需要在壓力機上配備重達數噸的模具，而且壓制不同的零件需要不同的模具。實施精益生產方式前，美國企業模具的換模是由專家來做的，換一次模具常常需要 1～2 天時間。為了提高效率，西方一些汽車製造廠常常配備數百台壓力機，以至於數月甚至數年才換一次模具。這樣大量生產衝壓件，造成在製品庫存相當高。一旦工序失控，便會產生大量不良品，造成大量報廢或返工。在很多大批量生產的企業，大約有 20%的生產面積和 25%的工作時間是用來返修產品的。

為了縮短換模時間，豐田公司花了十多年時間研究出一種快速換模方法。利用滾道運送模具，採取一種一般操作工人就可以迅速掌握的調整辦法，使換模時間減少為 3 分鐘。3 分鐘換模使加工不同零件與加工相同零件幾乎沒有什麼差別，於是，企業實現了多品種、小批量生產。這樣做的結果，大大降低了在製品的庫存，使加工過程的品質問題可以被及時發現，避免了出現大批量的不良品和大量的返修作業的情況。

第 9 章

從存放物料方法加以改善

一、物料存放與搬運對生產的影響

部品、加工件和產品的存放與搬運成爲整個生產過程的重要部份。

在生產企業物流中搬運是最主要的功能要素，據美國的統計，生產一件成品所花的全部時間中，真正用於加工組裝的僅佔整個生產過程的 10%左右的時間，剩下的 90%的時間用於搬運、移動作業，可見搬運工作在生產中的重要程度。

如果搬運作業規範有序，就可以保證生產物流順暢，大大縮短生產週期。同時我們知道，物品的存放和搬運工作不會產生任何附加價值和直接利潤，在物品存放和搬運過程中，物品的使用價值和本身的品質也不會有任何提高的可能，正好相反，物品還有可能因儲存、搬運方法不當而受到損壞，失去其固有價值，現代企業追求低成本高價值的產品，不應該再在不產生利潤的儲存和搬運過程中浪費成本。

對於儲存、搬運的現場改善就該從以下三個方面入手：

⑴選擇最佳的方法存放物料。

⑵儘量減少和縮短搬運工序。

⑶減少並有效地進行現場起重操作。

針對上述的每一項，下面我們將提供現場改善的一些基本方法。如果你在企業中靈活應用這些方法，你將會獲得很多好處，包括騰出生產作業空間，提高生產物流效率，加速資金週轉，改善庫存管理，縮短生產週期，使你的工廠生產秩序井然並能大幅度提高生產效率。

二、從工作區清走不常使用的東西

庫存是企業的一個「耗錢中心」。存貨過多是企業最大的浪費。

貨物的存放要佔用地方、需要人管理、搬運和盤點，浪費企業的固定成本。同時還會因爲有些物料的銹蝕，破損，甚至報廢又要浪費企業的流動成本。使企業損失慘重。但是因爲這些浪費現象不是同時大量的出現，而是在現場作業的細小環節中分散隱藏，所以當發生浪費時甚至找不到原因，因而常常引不起企業的重視。

生產配料區堆滿材料就會減少生產作業的空間。工廠地面越是零亂不堪，工具和材料丟失的可能性就越大。生產作業者還要把本來就緊張的生產時間花在尋找各種材料和工具上，這就是生產過程中佔很大比例但不產生價值的「活動」，我們把生產中組裝加工等產生價值的工作稱爲「勞動」，把生產中尋找、走動等不產生價值的工作稱爲「活動」，生產現場的改善就是要消滅這種無效的「活動」，從而提高「勞動」的效率。

生產作業者要認真地分析一下，生產線上的每件工具，每件原材料，每個加工件。那些是隨時都要使用的；那些是偶爾使用的；那些是很久才能用一次甚至於長期不用的，把隨時要用的放在生產線伸手就能拿到的地方，其餘的統統搬出生產區，按使用的頻率放入生產中轉區或直接放入相應的倉庫去。

在實施精益生產的現代企業中，以追求 0 庫存爲目標，例如豐田公司對物料實施「JIT 看板」存放管理法；在生產區不堆放任何材料，只有在生產需要前一個小時，物料才允許進入生產區。所以在日本的豐田工廠幾年來產值翻了幾翻，生產場地卻沒有增加。很大程度上低減了企業固定成本的投入。

從下面的圖 9-1 和圖 9-2 中我們可以直觀感受到，搬走不必要的物件之前和之後同一工作場所的變化情況。

從中你可以感受到現場對企業形象、產品的品質和人員士氣的影響，如果你去選擇你的供應商，當你看到像圖 9-1 中這樣的現場，你還會相信他的品質嗎？而當你看到圖 9-2 中的現場，首先這家企業會從直觀上給你一個重視品質的信心保證。所以說整潔有序的生產現場代表著企業的品質信心。

圖 9-1　工程部鉗工台上堆滿了雜物

圖 9-2　清走雜物後的鉗工台

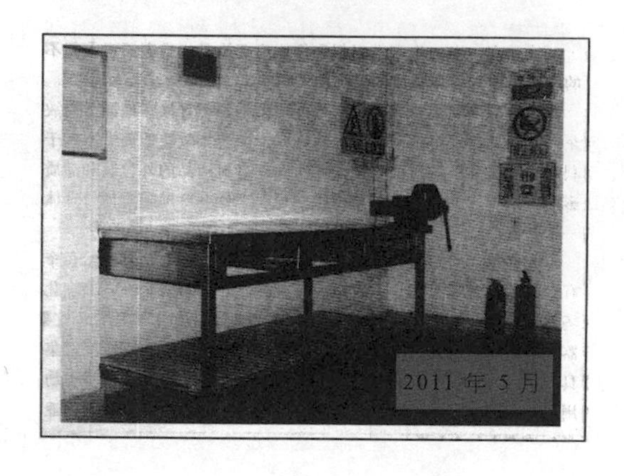

三、不要將物料直接放在地面上

生產企業最頭痛的一個問題就是作業現場空間太小。如果用管理的方法解決，當然是十分容易的，只須花錢另行租用空間，但是這種情況是很多企業的成本無法接受的，因而我們建議用改善的方法，使企業不花一分錢而達到改善空間利用率的狀況。這就需要我們仔細地觀察我們的現場作業，必須得先仔細觀察才能發現問題，進而才能改善。一個不會仔細觀察現場作業的人是無法開展改善的。

例如豐田公司在培訓現場管理者時，會在某條生產線的正面劃一個圓圈，讓受訓人站進圓圈內，一動不動地對開展工作的生產線觀察 4～6 小時，然後再向他提問，看到了什麼？有什麼不妥，有那些地方有明顯的問題？從一開始就培訓人員要有仔細觀察現場的習慣。豐田公司有一條規定就是管理者每次巡視現場時都必須帶回一到兩個問題。

如果仔細觀察，就會發現經常是生產工廠幾乎有一大半的場地都被加工件、工具、原材料以及生產餘料佔據著；有些東西放在那裏可能幾年都不會動用一次，變得又鏽又髒，難道我們的空間如此富餘，以致允許一半的生產空間都奢侈地浪費掉嗎？難道願意承擔不必要的材料運輸和損壞造成的損失嗎？

消除這種空間浪費的一個有效辦法就是禁止直接在地面上擺放任何東西，並嚴格監督這一規定的執行，產品直接放在地面上不利於空間利用率的提高，同時如果地面不乾淨還會對產品的外包裝和品質產生影響。不要使物品直接與地面接觸也是 IS09000 國際品質管制體系的一個要求。

不要將物品直接與地面接觸最有效和最省錢的方法就是給每個物品有專門的集裝器具和地方存放，不然的話，這種規定在不斷變化的現場就無法執行。儘量採用簡易的集裝器具，例如術制託盤、支架、容器、存放格或存放架等。其中託盤是最常用，也是最經濟的集裝器具。因爲託盤已在世界範圍內基本實現了標準化，所以對於物品的週轉有其他器具無法比擬的優勢（國際標準化委員會規定的亞洲託盤標準是 1.1×1.1 米）。

圖 9-3　零件存放架

圖 9-4　木託盤

四、使用多功能存放架存放工件和產品

生產作業區內最好是自製一些多功能的工件和產品存放架，因爲各種工件和未成形的產品往往規格各異，這種情況下就是花很多的錢也很難從市場上採購到合適貨架，所以請維修部門幫助根據工件和產品不同的形狀自製貨架是最好用的。

例如製作四到五層的平面「U」形架、三角架、梯形架和懸臂架就可以放置各種長條形的棒材和卷材。

在生產作業區讓我們再看看還有那些空間和面積可以利用，一般來講，生產區內牆壁的面積可能比地面要大，因此要充分利用牆面面積，可將上述多功能存放架依牆而立，可充分利用牆壁的空間面積。爲緊張的生產空間解決下面的問題：

圖 9-5　存放長條鋼材的 U 形架

圖 9-6　靠牆放置的工具架

①能有效節省出地面空間；

②方便拿取工作物件和工具；

③可以提高現場空間的利用率。

⑴**條形工件使用懸臂架放置**

像下圖這種懸臂架靠牆而立時，既可以單獨使用放置形狀短的棒材工件，也可以兩個懸臂架並排使用放置較長的條形材料，可以說是一架多用。懸臂架的名稱來源於其載貨方式就像人伸出兩條臂膀的樣子。也可以將木條直接鉚接在牆面形成載貨懸臂的方式來製作這種貨架。這樣可以節省架體的材料。

圖 9-7　獨立式懸臂架

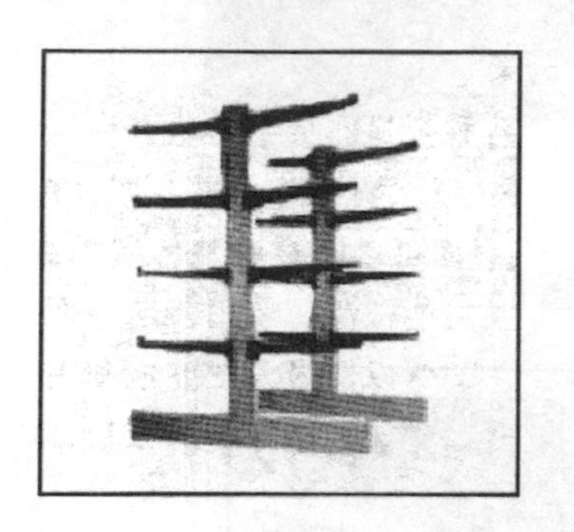

圖 9-8　靠牆式懸臂架

⑵**金屬板材使用梯形架放置**

梯形架因其外形像一個幾何梯形因而得名，梯形架的作用是可用來放置整張的玻璃板和鐵扳，同時在其前端有可調式的限位軌道可以豎著放置不同大小的鐵條、角鐵等不規則條形加工件，其次在豎放鐵條的後面形成的三角形空間加上隔板，可以在上面放置加工的餘料和邊角料。是一種能放置整塊材料、待加工條材和加工餘料的三合一的貨架。好用而且製作簡單。

圖 9-9　放置板材的梯形架

⑶板材使用可調式多層平面貨架

圖 9-10　可調式多層平面架

多層平面架是一種專門用來存放各種板材的貨架。這種貨架和平常最常用的層格架相同，基本構件由立柱、擱板、橫樑三部份構成。其特點是在立柱上有很多橫樑插口，因而可以隨意調整各層的高度。在現場作業中，有些工件較厚、有些又可能很薄，使用多層平面架就可以隨著工件的形狀及時調整貨格的大小，以便最大限度地利用貨架的空間。在製作這種貨架時要注意的是，貨架的進深不能太長，否則拿取板材和調節貨格就會出現困難。

⑷工具使用壁櫃存放

充分利用生產現場牆面的另一個方法就是依牆面製作存放工具的壁櫃。可用木材製作，分上下兩層，上層櫃體內釘幾排鐵釘，用來懸掛條鋸、鐵錘、老虎鉗等可懸掛的工具，櫃內平面上可放置一些盒裝的工具，如測量儀器等；下層製作成像中藥櫃一樣的內部帶隔的抽屜用來放置各種貴重的小工具和螺絲釘一類的小物品，在壁櫃的櫃門內側製作卡槽用來放置螺絲刀、鑽頭等長條形的工具。所有工具都用形跡法定位並在旁邊作品名標識，這樣工具可以隨意拿取，且佔用地面空間最小。

圖 9-11　工具存放櫃

⑸為各種鑽頭、刀具製作斜槽架

在生產現場最常發生的浪費是尋找工具和儀器。如果你仔細觀察生產的過程，就會發現一天中總有一些工人因為尋找工具儀器和一些小的加工件而浪費時間。即使你督促他們把所有的東西擺放整齊，但如果沒有合適的地方和方法用來規範工具或工件的放置，擺放混亂的狀況就無法根治。

選擇最合適的地方和方法來存放工具和工件，首先要做的就是仔細衡量工具和工件的尺寸、形狀和重量。同時進行統計並按不同的形狀對物件進行歸類。以方便製作存放架和選擇適當的存放方法。

圖 9-12　多功能斜槽架

例如生產作業現場常用的鑽頭、切割刀具等工具。因其型號品種非常多，而且都是長條形，各種型號之間的差別非常小，立著放、橫著放均不合適，如果放置不妥拿取時極易傷手，所以在現場用木板製作多層斜槽式存放架，採用斜槽式的目的是

爲了方便拿取。斜槽之間的隔板要作成可調式的插卡。因爲鑽頭的新舊在長度上有區別；剛採購回來的鑽頭都很長，隨著使用，鑽頭會出現磨損，逐漸變短。而且不同型號的鑽頭和刀具長短也不同，如果隔板限死，就不利於存放架的充分利用。同時在斜槽式存放架的橫樑上標明各種鑽頭和刀具的詳細資訊，以方便取用和採購。

⑹**多人共用的六格旋轉架**

在一條生產線上有許多大家共用的工具和零件，如果一個工位放一些的話，就會產生佔用作業空間和使用上的浪費現象。將幾個工位共用的工件和工具放在六格旋轉架中，不同工位的員工可以從多個方向方便拿取物件。這樣，既提高作業效率又能使共用物件分層集中存放，節約工位空間，方便物件的使用和採購。

圖 9-13　六格旋轉架

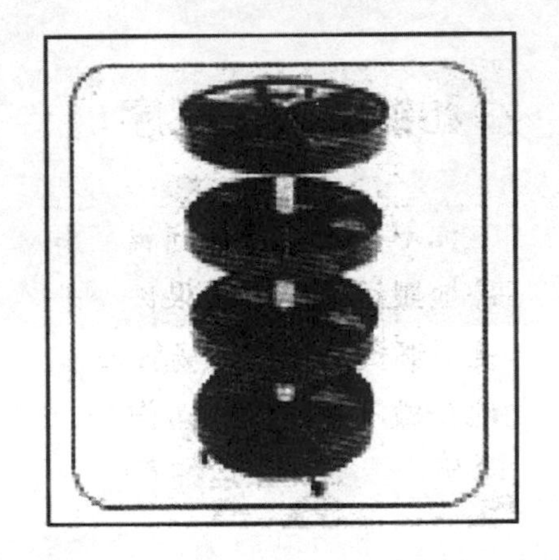

⑺**各種螺絲使用可調式零件框**

這種塑膠製作的小框，因其體積較小，可以直接放置在生產工位前方的台面上，也可以在靠牆的地方製作托架將零件框鑲嵌在托架上。這種小框主要用來放置各種不同型號的螺釘、螺母等小型常用零件。

圖 9-14　零件框與可調式框架

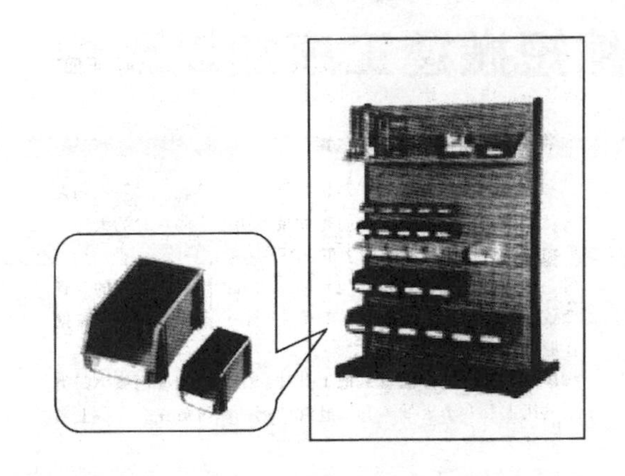

心得欄 --

第 10 章

從縮短搬運工序加以改善

作爲現場管理者，一定不止一次地看到屬下很吃力地推著滿載零件的手推車來回不停地搬運物品。如果你心裏想著小李最近變的很賣力工作了的話，你就不夠資格作爲現場管理者。

忽略了部屬如此地在做不經濟的搬運作業，這是管理者不應有的態度。你應該立即去分析產生如此搬運的原因。

操作員工在每次搬運物件時都要消耗時間和體力。現場管理者應分析一下你的生產作業過程，仔細調查每次搬運是否都真的需要或合理。如果不是，要想辦法取消或改進不必要或不合理的搬運作業。

生產現場的搬運作業次數是由生產工序和產品的特性任務決定的，同時也同生產機器和工位的設置順序有一定的關係。對於生產工序和工作台佈局對生產過程的影響，是大範圍改進的項目。也許不是現場管理者力所能及的事情，但優化現有的工作條件使之更加合理，是每一位現場管理者隨時都肩負的使命和任務。因爲改善的真諦就是通過對細小項目的不斷完善，而帶動大項目的徹底改善。

所以在進行複雜的大範圍改進前，作爲現場人員的你不能等待，先從改進搬運作業開始，從小處著手改善。

一、將使用頻繁的物品就近放置

生產現場的作業員工爲了尋找工具、工件等物品，在現場來回走動，這就是浪費時間的開始，同時如果常用的物品放置的太遠，每一次拿取物品就會產生搬運時間上的浪費。

另一個問題是因作業台空間有限，不可能把所有要用的工具、工件等全放在作業台上，如果這樣的話生產作業台就變成了工具擺放架了，作業空間會出現不足。

解決這些問題的辦法就是把工具和加工件按照使用頻率歸類，同時分出共用工具和個人的工具，經常使用的應該放在工作台上或懸掛起來，這樣不費時費力就很容易拿到它們。使用頻率不太高的工具或材料可以放在靠近工作台的格子或擱架上。一天只使用 1～2 次的工具或大家共用的工具製作工具存放架，在生產現場靠牆的地方放置。如下圖，生產線加設了工具架提高作業效率的改善。

圖 10-1

改善前
各種工具堆滿桌面，作業空間越來越小，工作台變成了工具放置架

圖 10-2

抽作公用和個人工具架，工作台面只放隨時要用的工具，空出工作台面空間
改善後
公用工具架
個人工具架
隨時要用的工具

二、儘量使用可移動的存放器具

⑴提高物料的搬運活性

當你從生產現場清除掉所有沒必要的物品後，作爲生產場所不可能一件物品也不放，所以還是有許多物品因生產、質檢、切換治工具等作業而需要在工作台之間或存放架與生產線之間搬來搬去。這些搬運活動是隨意的，因爲現場作業的一些不可控制的因素，無法將上述的搬運進行有計劃的安排。

這種狀況就意味著許多無效走動和不合理的存放與搬運作業必須從其他方面進行管理。例如在設計物品的存放地點和選擇存放物品的器具時充分考慮到提高搬運活性的話，就會提高這類必需的但卻無序的生產現場搬運的效率。

所謂搬運活性，是指存放的物品的可移動程度。一般用 0～4 五個級別來衡量存放物品的可移動程度。

0 級活性是指那種直接在地面上散堆在一起的存貨方法，在搬運時，一次只能搬運一件或兩件；1 級活性是指在 0 級的基礎上進行簡單的有序放置，使存入的物品形成有規格的堆垛，搬運時可通過簡單的器具準確搬動若干件物品；2 級活性是指將物品裝箱存放在地面上，這樣搬運時一次就可以搬走 1～2 箱的物品；3 級活性是指在將物品裝箱的基礎上，製作一些貨架、託盤或容器，將裝箱的物品存在這些貨架、託盤和容器裏，這樣在搬運時利用堆高車等動力工具一次就可以搬運幾十箱的物品；4 級活性就是在 3 級的基礎上給製作的貨架、託盤、容器裝慢輪子。這樣搬運時就不再需要動力工具，方便又省時。

所以改善現場的搬運作業，就是要朝著 4 級搬運活性的目標努力。當現場的搬運作業達到 4 級活性的水準後，你的現場就會得到以下好處：

- 減少物料的搬運動作和次數；
- 提高生產設備的利用率；
- 節省存貨空間；
- 降低員工的體力消耗；
- 有效節約堆高車等動力上的浪費；
- 降低物料的損失；
- 使現場 5S 工作容易進行（如下圖）。

圖 10-3　插座放在地上，每次清掃均需移動插座

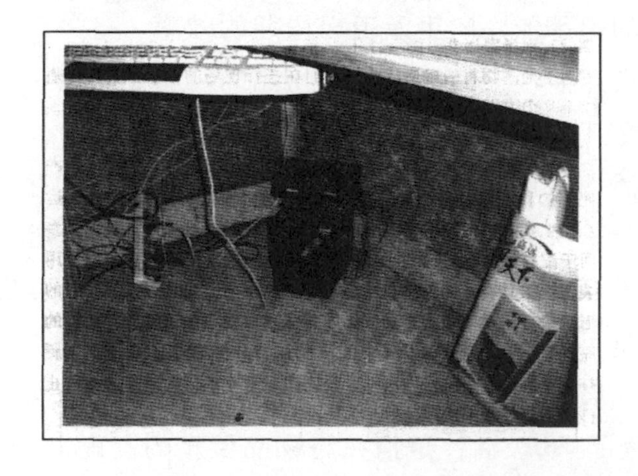

圖 10-4　插座固定在牆面，方便清掃

⑵現場搬運器具的活性化要求

爲了提高物料的搬運活性，我們在選擇現場的搬運器具時必須考慮以下幾個方面的因素：

①集裝的功能

選用的搬運器具具有一定的集裝能力，所謂集裝功能就是生產現場使用的移動器具一次必須能多裝幾件物料。以減少過多的搬運次數。在生產配料區與組裝線上總是有一定的距離，生產人員如果多次來回於配料區和組裝線之間拿取物料，是最浪費時間的現象。常用的集裝搬運工具有：四輪小車、手動堆高車等。同時還可以按照物料的不同形狀來自製一些搬運器具，例如對圓柱形的小加工件製作簡易的多卡座託盤，一託盤就可以放好幾個工件，同時因爲託盤上有卡座所以圓柱形小加工件不會來回滾動，提高搬運效率的同時，有效地防止了工件在搬運過程中跌落破損。

②節省人的搬運消耗

使人更省力地進行搬運作業，是進行現場搬運改善的一個重要內容，在作業區按照佈局、工序銜接可自製斜槽充分利用重力，使需要搬運的物料沿斜槽自然滑落。也可在短距離的搬運活動中使用無動力輥筒傳送帶，將需要搬運的物料整箱或整託盤放在輥筒傳送帶上，只要輕推物料，隨著傳送帶輥軸的轉動，物料就會移動到需要的地方。

除了生產現場外倉庫收貨也可以用這種傳送帶，將傳送帶的一端鋪在卸貨台邊際。使其於貨車尾部水準對接；另一端鋪進倉庫區。卸貨人員先在傳送帶上放上託盤再將貨物卸在託盤上，邊卸邊推動貨物前移，隨著傳送上的貨物量的增加，貨物之間相互推移,最先卸下的貨物便會移動到傳送帶的另一端(倉庫區),然後卸貨堆高車就可以輕易地將貨物叉走入庫。在傳送帶移送貨的同時，QC 人員和倉庫的點數人員可以同時進行工作，既節約了時間、空間，又縮短卸貨堆高車的搬運距離。某日資企業在卸貨台安裝輥筒傳送帶後，卸貨堆高車由原來的 6 台減少到 3 台，作業效率提高了 50%。

輥筒傳送帶的安裝十分簡單方便，其方向和長度均可由人進行調節。安裝的辦法是先按物料容器的大小設好傳送帶的間距，再用電鑽在地面打孔將爆炸螺絲的一端釘入孔中，另一端突出地面 3 公分左右，然後將輥筒傳送帶一節一節套在突出地面的螺絲釘上，加上螺母就行了。這種改善工作無須任何專業技術，現場員工均可進行，又能起到省時、省力、省空間的好處。可以說在作業現場使用輥筒傳送帶，是一種低成本的改善措施。

③搬運器具的多用途和可移動性

給各種固定的搬運器具加上輪子使其能夠移動是達到提高搬運活性的一個手段，例如生產線的工具架、配料託盤、零件櫃等在底部加上小車輪，提高輸送效率的同時減少人力的消耗。

另外一個要考慮的因素就是製作的搬運器具要有一定的通用性，生產現場不可能為每一種物料製作一個搬運器具，所製作的搬運器具必須能承載不同的物料。

圖 10-5　噴漆件移動架圖　**圖 10-6　部品質檢多層小車**

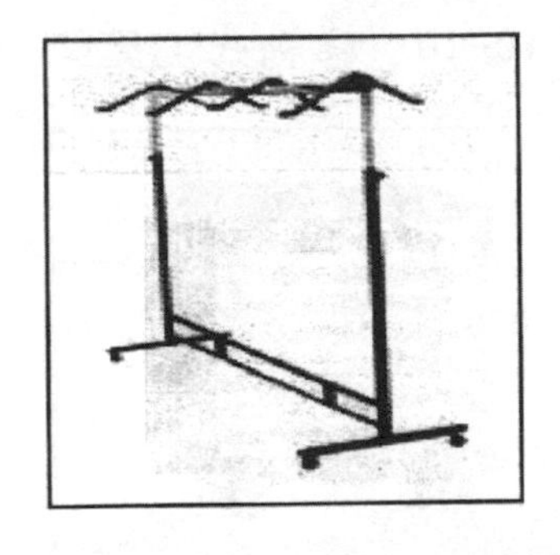

圖 10-7　整箱移動四輪小車　**圖 10-8　移動櫃式長形貨物手車**

三、讓工具動起來

有時候在生產線爲了組裝和修理設備，在組裝和修理的中途，作業員工往往會因爲現場的工具不夠用而來回奔忙於作業現場和工具存放處，如果組裝作業較爲複雜，需要大量的工具的話，這種拿取工具的浪費就更加明顯。同時線上的 QC 質檢人員，在檢查時也需要隨身攜帶不同的測量、檢驗儀器，但是人的手總是有限的，不可能把所有要用的工具都帶在身邊。

圖 10-9 可移動式機床

圖 10-10 移動式工具架

圖 10-11 氣瓶專用移動車

圖 10-12 多功能移動作業車

解決這種問題的辦法就是製作可移動的作業台車，讓工具動起來。作業員工在進行組裝、維修、檢驗時可以將工具或儀器放在台車上，車隨人走，用完後將台車放在固定地方。這樣的話，就可以有效地降低人員來回拿取工具產生的浪費。

常用的移動台車有，手車（老虎車）、四輪小車、可調式工具車、小型可移動鉗工台、帶輪的機床託盤等。

心得欄

第 11 章

從合理搬運物料加以改善

一、防止無效搬運

現場無效搬運的含義,是指消耗於有用物料必須搬運之外的多餘搬運「活動」。具體來講主要在以下幾個方面：

(1)現場過多的搬運次數

在生產流程中，貨損發生的主要環節是搬運活動，而在整個生產過程中,搬運作業又是反覆進行的,從發生的頻率來講,超過任何其他活動，所以，過多的搬運次數必然導致損失的增加。從發生的費用來看，一次搬運的費用相當於幾十公里的運輸費用，因此，每增加一次搬運，生產費用就會有較大的增加比例。此外，搬運又會大大阻緩整個生產速度，搬運又是降低生產物流速度的重要因素。

(2)過大的包裝搬運

物料的包裝過大過重，在搬運時實際上反覆在包裝上消耗較大的勞動，這一消耗是不必要的，因而形成無效的勞動。

⑶**無效的物質的搬運**

進入生產過程的物料有時混雜著沒有使用價值或對生產作業來說沒有太多必要的各種包裝保護物質。如送入組裝生產線的半成品包裝過剩，生產線員工在反覆搬運時，實際上對這些無用的包裝物質反覆消耗勞動，同時在拆除包裝時又要花費很多時間，因而形成無效搬運。

由此可見，改善現場搬運合理化的著眼點就要從防止上述無效搬運的發生，這樣就可以大大節約搬運。具體的方法有很多種，管理者如果一時無計可施，你可以向現場作業員工求助，讓那些整天從事無效搬運而怨聲載道的當事人，提出自己的改善方法，是最可行的。

二、充分利用重力進行少消耗的搬運

在搬運時考慮重力的因素，可以利用物料本身的重量，進行有一定落差的搬運，以減少或根本消耗搬運的動力投入，這是合理化搬運的重要方式。例如從固訂貨架搬運物料時，利用貨架與地面或小搬運車之間的高度差，使用溜槽、溜板之類的簡單工具，可以依靠物料本身的重量，從高處自動滑落到低處，這就無需消耗動力。如果採用吊車、堆高車將貨物從高處卸到低處其動力消耗雖比從低處搬到高處小，但仍需消耗動力，兩者比較，利用重力進行無動力消耗的搬運顯然是合理的。

在搬運時儘量消除或減弱重力的影響，也會減輕體力上的消耗。例如生產線組裝產品在進行線與線之間的轉換時，不合理的做法有落地搬運的方式，即將產品從A線上卸下並放到地上，一定時間以後，或搬運一定距離之後再從地上搬上B線，這樣起碼在搬上搬下時要將物料舉高，這就必須消耗作業員工的體力。如果進行適當安排，將A、B兩條線進行靠接，從而使貨物平移，從A線直接轉移到B線上，這就能有效消除重力影響，實現搬運的合理化。

在人力搬運時一下搬起立即放下是爆發力，而搬運一段距離，這種負重行走，要持續抵抗重力的影響，同時還要行進，因而體力的消耗很大，出現疲勞的環節。所以，人力搬運時如果能配合簡單機具，做到「持物不步行」，則可以大大減輕工作量，做到合理化。

三、充分利用機械實現「集裝搬運」

爲了更多降低單位搬運的成本，採用一次多運和連續搬運的方法，主要是通過使用各種具有集裝功能的搬運器具和傳送工具實現間斷搬運時一次操作的最合理搬運量，從而使單位搬運成本降低。

四、提高物料的搬運活性和搬運速度

搬運活性的準確定義是指從物料的靜止狀態轉變爲搬運移動狀態的難易程度。如果物料的放置很容易轉變爲下一步的搬運而不需過多做搬運前的準備工作，則活性就高；如果難於轉變爲下一步的搬運，則活性低。

表 11-1　搬運活性指數實例

物料放置狀態	需要使用有的搬運動作				活動性指數
	整理	架起	提起	拖運	
散放在地上	V	V	V	V	0
放在容器中	0	V	V	V	1
集裝化	0	0	V	V	2
使用動力車	0	0	0	V	3
無動力移動	0	0	0	0	4

五、選擇最好的方式節省體力消耗

在生產物流方面，即使現代化水準已經很高了，也仍然避免不了必要的人工搬運的配合，因此，人力搬運合理化問題也是很重要的。

根據科學研究的結論，採用不同搬運方式和不同移動重物的方式，其合理使用體力的效果不同，如圖 11-1 所示，在搬運小件物品時，以 B-1 方式即肩挑的方式最省力，而以 B-7 方式最爲費力；在移動重物時以 Y-1 方式可能移動的重量最大，而以 Y-5 方式可能移動的重量最小。

科學地選擇一次搬運重量和科學地確定包裝重量也可以促進人工搬運的合理化。

圖 11-1　人工合理搬運方式圖例

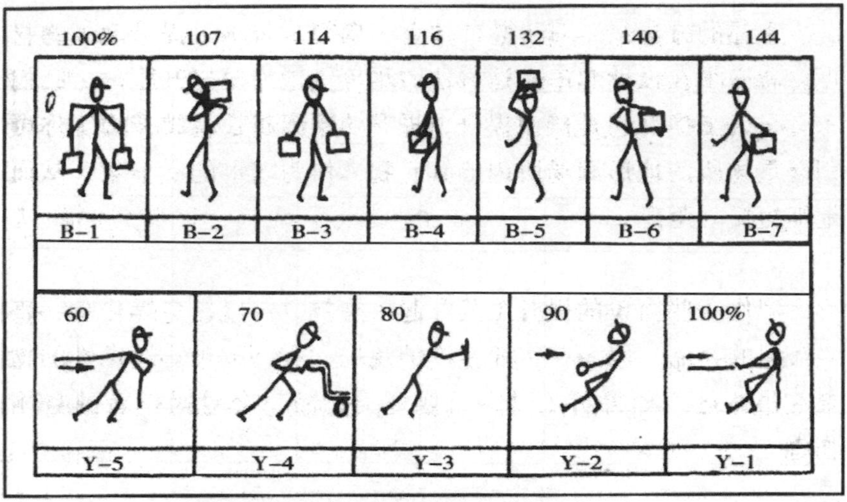

100%	107	114	116	132	140	144
B-1	B-2	B-3	B-4	B-5	B-6	B-7

60	70	80	90	100%
Y-5	Y-4	Y-3	Y-2	Y-1

六、起重物體時別超過必要的高度

在現場作業過程中，不可避免地要從事物件的吊上吊下起重作業。這種現象在機械加工廠、修理工廠最頻繁。因爲起重作業的特殊性，操作不當或使用的吊具不合適，造成貨損或人員受傷的事情就常有發生。在這一類固定的超重場所可以在屋頂安裝帶導軌天車解決。

但是對於生產及物流現場偶發性的重物搬運就必須使用簡易的起重工具才能合理有效地開展工作。作業現場常用的起重機械的特性有以下四個方面的要求：

⑴體積小方便在現場存放

生產現場，場地有限如果選擇的吊裝工具體積過大，那怕它再好用，從節省空間的角度考慮還是不經濟的。

⑵為各種重物製作專用的吊裝工具

對作業現場內須移動的汽瓶、油桶等體形特殊且較重的物料，製作一些簡單的起吊夾具，可以實現高效安全地起吊重物的目的。

⑶儘量將吊裝搬運的距離縮短

上述的方法只是對吊裝的改善，要想從根本上提升起吊物料的速度，就必須在設計起吊搬運方法時盡可能地縮短提升距離。我們知道不管是人工提升還是機械提升，提升的距離越長就越費力。你可以利用起重場所的地形和場所內的其他物體作爲起重的支墊架，從而有效地縮短提升距離。

⑷盡可能避免操作員工直接接觸搬運物品

製作一些簡單的提升工具和起吊夾具，可以避免操作員工直接接觸搬運的物品，因爲在工業生產的現場，有許多帶有腐蝕性的物品需要起吊搬運，如果員工常期接觸此類物品，會對操作者的身體造成傷害。

圖 11-2　移送物品的小型升降機

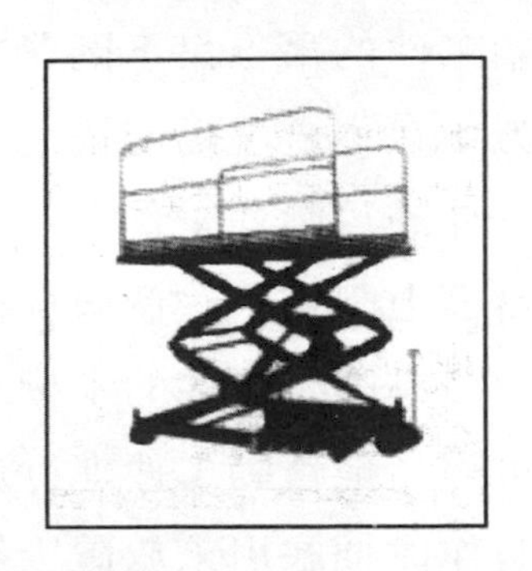

圖 11-3　折疊式提升機

七、在適當的高度範圍內移動物料

在作業的現場無法避免地要進行吊裝搬運作業。生產線組裝產品由於原器件太大或太重，需要提升以便組裝；而在加工工廠對大件的工件的製造和修理同樣需要吊起工件才能進行。在這種情況下，減少提升的時間浪費和各種人力動力消耗的關鍵是確保提升的高度在合理的範圍內進行，所謂合理的提升的高度是指將需要吊起物料的提升高度設計在操作員輕而易舉就能移動的範圍之內。

⑴**作業現場使用輥筒轉送帶**

在流水線生產的工廠，最常用的一種方法是安裝輥筒傳送帶，線上與線之間需要提升物料的地方，操作者可以利用傳送帶的重力和高度只須輕提物料就可以將物料提升到相應的高度。這是一種非常省力的方法。

⑵**使用能移動工件的可動式工作台**

大件工件加工時，往往需要將工件吊在空中以方便作業員加工時需要隨時移動工件，這樣的話工件的吊上吊下既費力又不安全。有些公司的作業員工爲了方便在生產現場能快速安全地加工大工件，製作了一個能移動工件的可動式工作台。這種工作台有輪子可以隨意推動，工作台面上製作了一個像旋轉餐桌一樣的可旋轉平台，旋轉平台週圍設有固定工件的卡槽，當工件搬到旋轉平台上後，維修員工可輕易地轉動工件進行加工作業。同時這種工作台底部還可以製作成抽屜用來放置維修用的工具。

這種工作台在機加工廠可隨意移動，同時旋轉平台上設有可調式固定工件的卡槽因而更加安全可靠，是生產現場移動較重工件的最佳工具。其優點有以下幾個方面：

①提高了組裝加工作業的效率；

②移動靈活方便對不同的作業場地均可使用；

③消除了空中移動工件的危險，減少事故危險；

④製作簡單，功能多；

⑤有效地低減了作業員工的消耗。

心得欄

第 12 章

從整體作業時間加以改善

一、產品製造時間

習慣上人們只把加工、組裝等直接的生產時間認爲是製造時間，正是因爲對製造時間的這種片面認識使得現場工作出現許多漏洞，對產品的製造週期無法做出正確的衡量。

所謂製造時間，決不只是指加工時間，而是指從前制程把材料工件或半成品送到本部門的時候就開始算起，直到加工完成後送到下一制程爲止，這期間所從事的物流、搬運、加工、組裝包括人員上廁所等所花的時間都應算作製造時間。如果只考慮組合加工作業的時間而加以分析的話，就很難排除工作場所的不合理及浪費現象。按這樣的演算法去定工時，就會出現失誤，例如製作一件成品所需的加工作業工時 5 小時，實際完成後卻發現花了 10 小時。這樣的話工作現場的改善就無法進行。

不去分析製造過程發生的等待加工、搬運停滯和人員的事務作業的原因。就無法進行日程改善。必須把這些影響制程原因加以認真的分析，並用數字將其影響表示出來加以管理，才能進行製造時間的優化和低減改善。

一件成品的製造過程中，不發生等待是不可能的，從來沒有一個企業的現場人員的工作都是滿滿的 8 小時，總是因爲各種銜接出現作業員工在工作時間內有等待工作的閒置時間。尤其是生產作業，因爲作業員的熟練程度和工位設置等各方面的原因，會時不時出現一個工位製品積壓，而另一個工位卻無事可作的現象。同時也可能因爲管理者管理不當，常常擔心停線，而進行早期訂料，提前安排等現象而準備了大量待加工的材料或在製品，造成過多的工件、材料在生產線積壓。

提高人和設備的效率，是無可厚非的，但是更重要的是生產線要想辦法來降低工件和材料的存量，明確了前後工序之間發生等待情況無法避免，那就要進行改善。

從以下五個方面來收集制程中的等待時間，通過一段時間對主要工件制程的多次收集分析，作爲改善制程等待時間的依據。

①本工序製造期間的搬運工作所花的時間；

②等待加工的時間；

③開始製造前的準備時間；

④整理收拾時間；

⑤等待搬運的時間。

這樣做的目的就是要明確經過自己工序加工的工件是以怎

樣的流程傳送到下一工序。用分析和細緻的眼光來觀察，不要讓習慣了的問題在現場隱藏下去。製作一個樣板制程分析圖張貼在現場，讓員工也從縮短制程的時間方面加深理解和進行改善。

二、從作業速度上開始改善

某生產現場秦班長因爲對操作員工作業速度是否正常無法判斷而苦惱，無法判斷正常與異常的差距，就無法對作業進行有效的評價。

員工間的作業速度有著很大的差異。雖然進行了一定程度上的平均，但是很多現場管理者都不知道如何對員工的工作速度進行正確的評價而煩惱。這是因爲在現場管理者中，曾經接受過正確評價作業員工工作速度的教育訓練、速度評價（RAEED RATING）訓練的人太少的原因。

就是依據作業標準進行作業，相同的作業工序，每個人完成所花的時間都是不同的。發生這種情況的根源，在於每一位作業員工的每一個動作都有技巧上的優秀與拙劣的區別。

從一般意義上來講，要想追求作業速度就需要熟練的技術、認真的工作態度和健康的員工三個方面的要因。如果再加上高科技的機器與工具，就能起到更好的效果。否則作業就不能順利進行。員工作業動作是作業速度的反映，在加工工序和組裝技術相同的情況之下，作業員的努力程度不同時，作業的速度也會出現差異。所以說作業速度是由許多因素來決定的。

在進行速度評價時，管理者不能憑感覺來做，必須以標準的作業時間爲參照。

速度評價的方法目前常用的是一種叫「多影像」的方法，這種方法是將現場的某一作業速度拍成影像片，形成作業速度基準，通過測驗把這一基準速度設定爲現場所有作業工序速度換算的基數標準，然後對員工進行培訓，讓作業員工看影像片，使其能清楚地看到影像片上的基準速度和自己實際作業速度的差距，能以此來判斷實際作業速度是否符合作業速度基準值。

例如某公司設定的基準速度值是以平均 1 小時 4.8 公里的步行速度爲標準，走 10 步約需要 6.12 秒。這樣現場管理者就可以正確地判斷和評價員工在現場步行的速度是否正常。以此類推，其他的工作也可以制定相同的作業速度基準，在現場判斷時出現 5%左右的誤差是可以接受的。

三、準作業時間的內容

標準作業時間是指完成一項作業所需要的全部時間。具體包括了三個方面的內容：分別是主體作業時間、非生產作業時間和非作業時間。其中主體作業時間是指從事生產主要的加工、組裝、搬運、檢查等所花的時間；非生產作業是指作業員從事各種事務性工作所花的時間；非作業指作業員工在作業期間做與工作無關的活動所花的時間。

⑴**制訂標準時間的條件**

①機器設備狀態良好；

②工作現場環境整潔；

③有標準的作業方法；

④技術熟練的作業人員；

⑧原材料的品質穩定。

⑵**主體作業時間**

主體作業時間也叫主要作業時間，指在某項作業的基本內容下，能連續性進行作業所產生的實際時間，是在生產加工中從事主要工序的作業。主體作業又分爲實質作業和附屬作業。

①實質作業

指作業過程中作業者本身對工件直接加工的那部份作業。

②附屬作業

指爲了能直接加工工件，作業者所做的各種操作機器、測量尺寸等作業。

⑶**非生產作業時間**

非生產作業時間也叫寬餘時間，指在進行連續生產的作業過程中，需要的正常放寬的時間，又分爲一般寬餘和特殊寬餘兩種，一般寬餘包括了作業寬餘、需要寬餘和疲勞寬餘；特殊寬餘也叫管理寬餘，指因爲工廠管理的方式方法不當所引起的工作延遲。另外，寬餘時間是用寬餘率來進行評價的。

①作業寬餘

作業寬餘主要是指材料、零件、機器或工具等在連續作業過程中發生的不規則性遲延，具有偶然性。例如零件掉在地上需要撿起；工作台面有時需要清理；隨手使用的工具可能出現不適用的情況要更換等。

②需要寬餘

需要寬餘是指在作業過程中因人的生理需求所引起的作業延遲，例如擦汗、上廁所、飲水等。

③疲勞寬餘

疲勞寬餘是指在連續生產時，作業員工在工作中產生疲勞，會降低工作速度，這個疲勞寬餘是指員工因工作疲勞而降低生產速度引起生產量減少的那部份時間。

④寬餘率

寬餘率＝寬餘時間/工作時間×100%

在現場管理狀況良好的企業，寬餘時間越小越好，其實說得具體點，所有的寬餘時間對生產來講也就是無效時間。

外資企業的寬餘率一般爲實質作業時間的 10%左右。

通過對作業時間全面的分析，要求現場管理者將關注的重點從主體作業上移開，投放到非生產作業的改善上來，這是非常必要的，因爲如果不關注生產以外的作業寬餘時間，例如，因機器故障或材料中斷所引起的停工待料、因指示不明而產生再三開會研討、事務作業不完善等指示等等，這些時間太多的話，縱使竭力去縮短作業主體時間，作業時間也不會減少太多。

四、標準作業時間的計算

綜上所述，標準作業時間的計算公式爲：

標準作業時間＝主體作業時間＋（實際寬餘時間×寬餘率）

第13章

從工廠裝卸搬運加以改善

一、工廠裝卸搬運的定義

是指從原材料的卸貨到製造成成品這一過程中發生在工廠倉庫、檢驗、生產各個環節的以各種方式移動物料位置的作業活動。按搬運物料運動的形式，工廠的具體裝卸搬運活動共分爲三種：一是移上移下式；二是吊上吊下式；三是水平移動式。例如利用堆高車把物料入庫時放上貨架或出庫時從貨架上取出，這種方式就叫移上移下式；如果採用吊裝式工具把較重的物料吊起從生產裝配工廠各工位之間來回移動，這種方式就叫吊上吊下式；使用堆高車或人工從貨車內把貨物移到卸貨台上或待檢區內，這種方式就叫水平移動式。在工廠內最經濟的搬運方式就是水平移動式，而隨著物料裝卸的盤托化，及堆高車在工廠中頻繁使用，在工廠內發生最多的裝卸方式是移上移下式，工廠搬運要儘量避免最不經濟的吊上吊下的方式。

在整個物流體系中，裝卸是指使物料垂直移動，搬運是指使物料水平移動。但是值得注意的是在工廠中裝卸搬運是不可分割的一個整體活動。這與流通企業的裝卸搬運分離進行有所不同。在工廠中發生搬運的地方就會發生裝卸活動，反之亦然。

二、工廠發生裝卸搬運的場所及改善方法

⑴工廠之間的搬運方法

工廠搬運是指發生在工廠內的一個單一工作站內的物料搬運活動。例如物料在待檢區內品質檢驗人員為了抽檢物料而對物料進行的移動，工廠搬運要求物料的搬運範圍不能超出一個工作站。這就要求品檢人員在進行檢查時必須帶上足夠的工具，而且在抽檢物料時要就近搬運物料，現場檢驗，然後及時將檢完的物料歸位。

所以一般的企業都給品檢人員配有四輪兩層的手推車，這種車上層可放置檢查標準書和檢查工具，下層可放置標準件。品檢人員推著四輪車，可以方便地在待檢區移動，在檢驗物料時也可以將要檢的物料搬到車上進行檢查，這樣就最大限度地減少了搬運的距離。更好地發揮工廠搬運的優勢。

⑵工廠設施之間的搬運方法

設施搬運是指發生在工廠兩個不同的工作站之間的物料搬運活動。例如將物料從待檢區搬運到良品區進行入庫，待檢區和良品區就是工廠的兩個不同的工作站。這時的搬運就需要使用堆高車來進行，在搬運物料的過程中還要同時進行數量的確

認和填寫入庫單據。保證從待檢區搬入良品區物料數量的準確性和入庫位置的準確性，這是相當重要的一點。因爲在倉庫作業中有很多物料入庫以後就找不到了，這種情況大多數是由入庫搬運時對存入位置記錄出錯造成的。

(3)生產搬運的方法

生產搬運是指把物料從一個部門搬運到另一個部門進行加工組裝的搬運活動。生產搬運是指部門與部門間物料搬運活動。例如從倉庫的半成品庫將物料搬運到生產線，這一過程就是生產搬運過程。

搬運的方法是使用堆高車先從倉庫貨架上按生產出庫單要求的數量將物料搬運到配貨區，再按生產結構單進行配貨，然後將配好的貨用堆高車運送到傳送帶上，使用傳送帶將物料從倉庫送入生產線。要明確的是這裏所說的生產搬運和生產加工過程中發生的搬運活動是不同的，生產過程中的搬運活動，其實就是工廠搬運或設施搬運，它是在一個部門內進行的。而生產搬運活動是指不同部門之間的物料移送。

三、工廠不合理裝卸搬運產生的原因

(1)工廠佈局不合理

例如將倉庫設在二樓，將生產線設在一樓。這樣卸貨或出庫都必須使用電梯，增加了搬運的距離和難度，同時因爲二樓空間的限制，不能使用高門架的堆高車，貨物就不可能堆高，因而又浪費倉庫的空間。

⑵使用的工具不合理

該用堆高車搬運的使用人工，能用簡單工具搬運的又使用動力工具，造成搬運時間、成本上的浪費。例如，對體形較特殊的輪胎或生產組裝用的大型機架，因其形體較長或不易組合，搬起後晃動較大，同時底部面積較小，如果使用堆高車搬運，必須得先調整堆高車車叉的寬度，方可叉入，同時在叉起時晃動很大，一不小心就可能造成倒貨的事故。對於這一類型物料，有一種專用的搬運工具，就是俗稱老虎車的手車，使用時將手車底座叉入物料底部輕輕向後一仰，物料即穩穩地靠在車臂上，搬運人員可以輕鬆地移動手車搬運物料。

圖 13-1

⑶人員動作不合理

搬運過程中發生的不良搬運動作是造成貨損的一個重要源泉。例如在搬運過程中爲了省力而用腳踢貨物以使其移動、在物料更換託盤或放置方式時用堆高車將貨物從託盤上推移等易造成貨損的不良的搬運方法，還有搬運人員不輕拿輕放貨物，發生野蠻裝卸等動作上的不良現象。杜絕這種動作上不合理搬運的方法是建立工廠搬運的操作細則，將搬運的動作規範化、細化。

四、降低搬運費用案例

以某著名飲料生產企業工廠搬運費用改善過程實例為範本，介紹在工廠物流中搬運費用的來源、費用分析、統計方法等使工廠搬運費用透明化、量化；管理及統計職責明確化，從而達到低減搬運費用的目的。

(1)工廠搬運費用的來源分析

圖 13-2

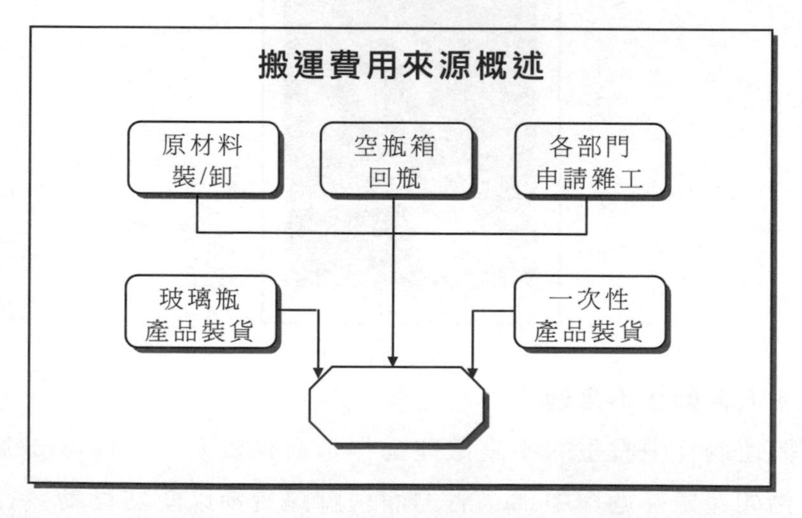

⑵細分發生搬運費用的作業內容

發生搬運費的工作內容分析

一、原材料裝/卸

這部份費用主要包括原材料的裝和卸，卸是指從供應商的運輸車輛上將生產所需的原材料卸到指定的卡板上，由堆高車叉至原材料指定的擺放區域；裝是指由供應商提供的原材料在我公司經過檢驗後，發現品質存在的問題，需要退回給供應商，這時需要搬運工將已經卸好的原材料重新裝回車上。

二、空瓶箱回瓶

這部份費用主要是指從批發商的貨運車上將拉回的空瓶卸下，將經過驗瓶員檢驗後認可的空瓶碼放在卡板上，堆放至統一的區域；需要將空箱的顏色區分開來。

三、各部門申請的雜工

這部份費用主要是指除裝運班組外，其他部門需要搬運人員協助完成的一切工作，諸如人事部需要人員佈置會場、搬家具等等。

四、玻璃瓶產品裝貨

這部份費用主要是指，按照倉管員提供的玻璃瓶產品裝運單，將產品從卡板上一箱一箱地整齊地碼放到批發商的貨車上，共包括兩種包裝形式的 6 種 u 產品。對於整板裝運的情況，由於無需搬運人員碼放，因此此種情況的裝運單扣留在倉管員手中。

五、一次性包裝產品裝貨

這部份費用主要是指，按照倉管員提供的一次包裝性產品裝運單，將產品從卡板上一箱、一箱地整齊地碼放到批發商的貨車上。除此之外還要包括代加工產品的卸貨工作。同理對於整板裝運的情況，由於無需搬運人員碼放，因此此種情況的裝運單扣留在倉管員手中。

(3)各種搬運作業計費分析

搬運費計算分析

搬運費的計費統計根據發生的工作的內容不同，其計費方式分為以下幾種形式：

一、原材料的裝/卸

此類工作是按照裝卸的車數來計算的，每車的價格由貨物的種類來定，另外對於白糖，按照裝卸的噸數來定的（每噸 20 元）。

二、空瓶箱回瓶、玻璃瓶產品裝運、一次性產品裝運

此類工作是按照裝卸的箱數來計費的，對於產品的不同，計費的單價也不同。

三、各部門申請的雜工

此類工作是按照工作的時長來計算的，單位是每小時 3 元錢。

(4)檢討當前不合理的計費統計方式

目前搬運費統計方式

目前的搬運費用統計主要是由搬動組長來統計，統計週期為一個月，每月交給營運主任進行審核，後報交廠長、財務。

此種統計方式存在著以下缺點：

1. 統計週期太長，缺乏數據統計的及時性、連續性；

2. 所有數據的統計者都是搬運班長（這裏並非否定搬運班長的工作或是認定其工作存在舞弊的現象），雖然數據在每個月進行統計後，由

各部門進行確認，但是由於相距時間較長，數據難免存在可能的失誤，降低了數據的準確性；另外，對於每個班組的搬運工，有可能對於統計的數據存在懷疑，從而影響到全體人員的工作；

3. 由於每日的原始數據較多，特別是到旺季時，每日的裝運單可能會有幾百份，如果累計一個月統計一次，勢必對於堆高車/搬運領班在數據的審核方面造成難以核實的麻煩。

⑸設置合理的搬運費用統計方式

新的搬運費統計的設想

針對目前搬運費統計存在的缺點，主要採取以下方針加以改善：

1. 統計週期由每月改為每天，增強數據的連續性、一致性；

2. 對於產生費用的幾個來源，分別由這幾個職能部門進行統計，增強數據統計的明亮度，減少由於一個人統計可能造成的數據疏忽；

3. 每天將數據匯總到堆高車/搬運領班處，增強數據統計的可核實性。

具體操作如下：

一、原材料裝/卸

對於所有原材料的裝卸，由當班的原材料倉管員進行填寫《原材料裝卸結算表》主要填寫當天原材料到貨的品種、共計裝/卸的車數、數量，由倉管員核實並簽名，第二天交由前一天負責裝/卸任務的搬運班班長核實並簽名，然後由搬運班長交給堆高車/搬運領班，由堆高車搬運領班保存；

二、空瓶箱回瓶

對於空瓶箱回瓶由回瓶組的確認人每天填寫《玻璃瓶卸瓶結算表》統計出回瓶品種及數量，第二天交由前一天負責空瓶箱卸瓶任務的搬運班班長核實並簽名，然後由搬運班長交給堆高車/搬運領班，由堆高車搬運領班保存；

三、玻璃瓶產品裝運

對於玻璃瓶產品的裝運由當天負責玻璃瓶產品裝運任務的搬運班班長收集當天的發生搬運工作的裝運單，統計後填寫《玻璃瓶成品裝運結算表》第二天將統計表及所有裝運單交給堆高車/搬運領班保存，以供其抽查；另外批發商是整板連同卡板運輸的，堆高車/搬運領班可以通過當日玻璃瓶出庫總量和扣留在倉管員手中的裝運單的差值進行核實；

四、一次性包裝產品裝運

其統計方法等同於玻璃瓶產品裝運的統計，每天搬運班長將統計的數字填入《一次性產品裝/卸結算表》並將其和裝運單一同交給堆高車/搬運領班保存；

五、各部門申請的雜工

對於各部門申請的雜工，要求每次各部門的申請人直接與堆高車/搬運領班溝通，經同意後，搬運工在堆高車/搬運領班處領取《搬運工雜工結算表》，並交給申請雜工的部門負責人，工作結束後由其填寫工作內容、搬運工人數、工作時長、總計人工時，並簽名。然後由搬運工帶回交給其所在班的搬運班長，由其確認簽字，而後交回給堆高車/搬運班長保存。

對於以上幾個費用的來源，每天堆高車/搬運班長可以得到經過各個部門確認的數據後，經過簡單的核對，即可作出前一天的搬運總費用，而每個月進行匯總，交由上級主管簽字、報銷。這樣既增強了費用統計數據的光明度，又簡化了數據的核對工作，並且可以縮短費用的報銷週期，保證搬運工在付出辛勤工作後可以及時、公正地拿到工資，也保證了公司的利益。

⑹製作搬運費用統計流程圖

圖 13-3

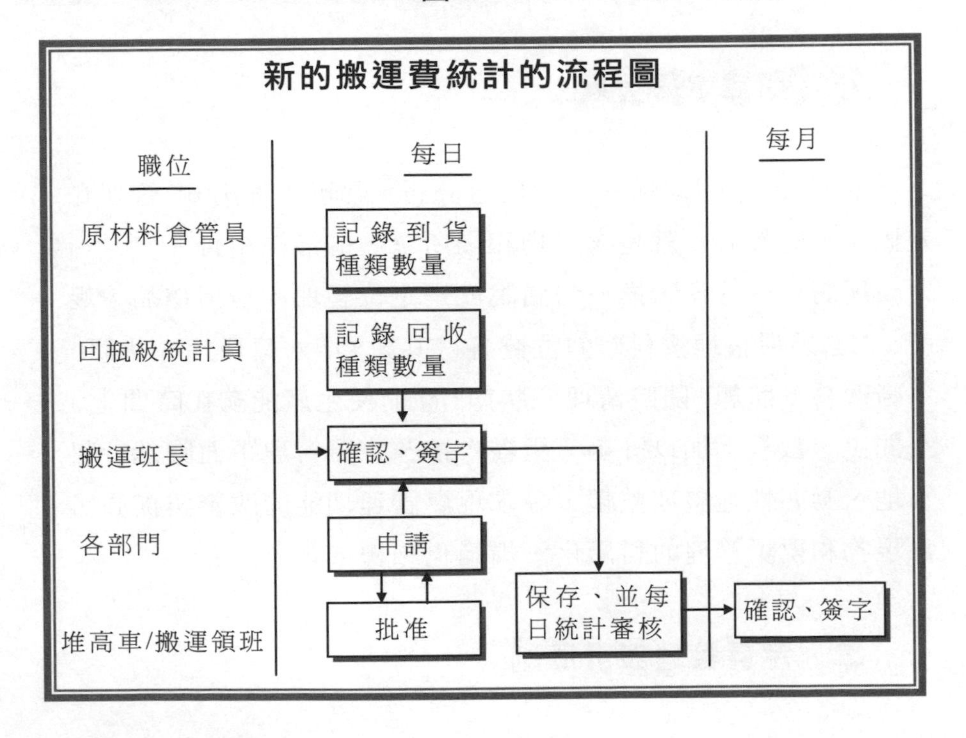

第 14 章

從生產現場作業環境加以改善

一、認識定置管理

通過人、物、場所三者的結合分析，就可以推出 6S 管理和定置管理的核心，就是人、物和場所三者的最佳結合。

所謂定置管理，換一句話說就是定位管理，是指物品、場所、人必須嚴格地按科學的位置各得其所，即永遠保持 A 狀態，不斷改善 B 狀態，隨時清理 C 狀態，從而使生產能夠在時間上、空間上、數量上加以計劃、組織，按照定置管理平面圖進行科學地、動態性地整理整頓，尋求現場管理功能的改善與提高，實現物和現場管理的科學化、規範化和標準化。

二、定置管理設計原則

定置管理設計，是對工業企業生產現場的佈置和管理進行科學的優化組合過程。它應用定置管理的基本理論和方法，分析生產現場物流的加工、搬運、檢驗、停留等生產活動中的人、物、場所之間的相互關係，以及工序銜接上是否存在混亂、無秩序、無效勞動等問題，提出物流系統各環節、各工序的改善方案，使人、物、場所及其相互結合得到系統優化和改善，把對象物物流置於可控狀態。

1. **整體性與相關性**

定置管理要從整體和全局觀念來協調各定置內容之間的關係，使定置功能達到最優化。

工廠是一個整體設計，包括各類對象物的停放、儲存，保管場所的地面、空間的利用。例如，有的工具和備件可以吊掛起來，待加工和加工完的零件可以碼放到一定高度；有的零件可以裝在專用容器內組合存放，小的零件物品可以計數裝盒放在格架（抽屜）分層存放；有的倉庫可以設置閣樓，安裝貨架，運用升降設備運送物品，使有限的場所空間得到最大限度的利用，儘量避免無效佔用空間場地。但是，對生產現場各種對象物的定置，應當盡可能定置在明處，保證使用者在任何時候都能看到和拿到。

2. **適應性與靈活性**

定置管理存在於一定的環境之中，而環境又是在不斷變化和發展的。因此，要研究定置管理適應環境變化的規律和能力。最好的適應性，應該具備最大的靈活性和協調性。對象物的放置場所、設施和定置方式，要能適應情況的變化。

隨著企業外部環境（如市場需求量）的變化，企業的產品結構、銷售量都會隨之變化。同時，隨著科學技術的進步和技術方法的不斷更新，企業的加工對象物（如材料、毛坯、在製品、半成品、產成品）和加工手段物（如工位器具、運輸機械、技術裝備、機床附件）的物流狀態，也都會不斷變化。因此，定置物品的場所、工作地及其設施，都要及時調整，做到當前與長遠相結合，場所局部設施與系統整體佈局相協調。

在工作區域要保留一定的自由空間，留有餘地，要有效地安排過道並使它保持清潔和暢通，要儘量避免使用軌道型地面運輸系統，否則一旦在改變生產流程時，就會造成很多麻煩。

3. 最大的操作方便和最小的不愉快

在生產加工現場，對象物的停放位置應與操作者保持適當的高度。容器有大小、形狀的不同，應考慮操作者手臂運動所能及的範圍。工作地的工作台、椅凳、腳踏板、資料架應有適當的高度和位置，保證操作者有適當高度的作業區和活動範圍。高於臂肘的操作場所，應有升降台，並使手臂和腳有支撐架。所有操作現場應有良好的工作環境，保證良好的通風、適當的溫度和照明，消除過堂風、暗淡的燈光、過度的陽光、過高和過低的濕度、噪音、振動、刺激性氣味，以減輕操作者的疲勞度，保證操作者有旺盛的精力和愉快的工作情緒，以提高生產效率。

4. 最短的運輸距離和最少的裝卸次數

不合理地裝卸、搬運材料和半成品，不僅浪費了人力，加大了成本，而且使磕碰機會增多，影響產品品質。因此，材料、半成品、成品之間的移動距離應該盡可能縮短。產品在加工過程中的裝卸次數，應該在滿足技術要求的前提下，減到最少。在加工、搬運的過程中，應考慮物品搬運的活性係數──物品搬運前的放置狀態及其產生的搬運困難程度。因此，對搬運物（如材料、待加工品、已加工品、殘料）的裝卸高度和放置方法、搬運器械、容器和設施、搬運人員和搬運次數、搬運方法和能力、搬運區域和路線都應認真安排，以改善物品流動條件。這些都是定置管理設計工作的內容。

5. **切實的安全和防護保障**

工作場地的各類物品倉庫、停放場所及物品定置，都要確保人身安全，有防火、防潮、防盜、防污染變質的防護措施。各類對象物的停放應有數量、高度、放置狀態要求，做到平衡可靠，最大限度地防止人、物結合時發生事故或造成損失。對易燃、易爆、有毒物品，應有特殊定置措施，其場所應明確規定不准明火作業的距離，並有完備的消防措施。生產作業場地使用的氬氣瓶、氧氣瓶應有數量限制。地下管道、電纜等設施，應有明確的定置標誌。作業場所的垃圾、汙油、加工廢物應有明確的定置地點，及時清除，不得污染環境，確保安全生產。

6. **單一流向和看得見的搬運路線**

從原材料投入開始到產出成品爲止的物流路線，應按單一流向（如 I 型、V 型及 O 型等）移動，避免發生交叉和混亂。定置設計加工作業工序時，應對生產作業進行分析，探討改進迂回、交叉作業的可行性，控制物流路線往一個方向流動。材料庫、在製品庫、工具庫、資料庫等生產服務場所，加工作業現場，停放場所，各類庫房等都應有明確的搬運路線，並盡可能標誌清楚。運輸通道上在任何時候都不應存放物品，以保障運輸路線暢通無阻。

7.最少的改進費用和統一標準

定置管理設計要從本企業實際出發，實事求是，要在調查分析的基礎上，做出最經濟、最科學的統一安排，有目的、有計劃地進行。

改造場所和環境，要同本企業的技術改造相結合，糾正那些只圖好看，到處刷油、粉飾，無目的地擴充道路，修建高標準的地面等無實質性管理的行動。防止那種一講定置管理就來個「煥然一新」，把風扇換成「冷氣機」，購買地毯、吸塵器等高檔設備的鋪張浪費行爲。工位器具要從加強品質管制的實際需要出發，同技術管理相結合，在系統分析的基礎上，進行補充和改造，做到既符合本企業的技術特點和流程需要，又實用、有效，並使之標準化，防止脫離實際，防止出現「補充一批，扔掉一批」的現象。

在定置設計中，對本企業的傳統管理辦法、經驗要認真分析，把先進的管理辦法同本企業成功的管理經驗相結合，不搞「一風吹，一刀切」。對場所、物品、資訊媒介的設計應有統一的標準。凡是本企業現行報表、憑證、卡片，既能滿足資訊媒介要求，又切實可行的，就作爲標準繼續使用。資訊符號凡有國家標準或公認標準的，都應以此爲準；凡無國家或公認標準的，可以設計制定本企業的標準。切忌在本企業同一管理內容上採用兩種以上不同的資訊符號，以免造成管理混亂。

三、推行 5S 活動

5S 活動是現場改善與管理活動有效展開的基礎。5S 水準的高低，代表著現場管理水準的高低，而現場管理水準的高低也制約著 ISO（品質體系）、TFI（全面現場改善）和 TPM（全面生產性保全）等活動能否順利推行。通過 5S 活動，從現場管理著手改進企業「體質」能起到事半功倍的效果，由此可見，在實施 ISO、TFI、TPM 等管理體系之前推行 5S，等於爲相關活動提供了肥沃的土壤，爲活動的推行提供了強有力的保障。

①整理：在工作現場巡視中指出混亂的地方，區分出要與不要的物品。

②整頓：不要的物品移出工作區域，將必要的物品規範放置並作標識。

③清掃：保持工作區域乾淨整潔，杜絕污染源。

④清潔：將前面 3S 的成果規範化並形成標準。

⑤素養：利用前面 4S 創造的良好環境改變人，把人培養成不但對公司有用而且對社會有用的人，從而達到提升人的品質的最終目的。

有些企業在 5S 的基礎上，根據自身企業的特點，將安全（SAFETY）單獨提出，成爲 6S。還有的企業將節約環保（SAVE）等提出，成爲 7S 等，不過都是以 5S 爲基礎發展的。

圖 14-1

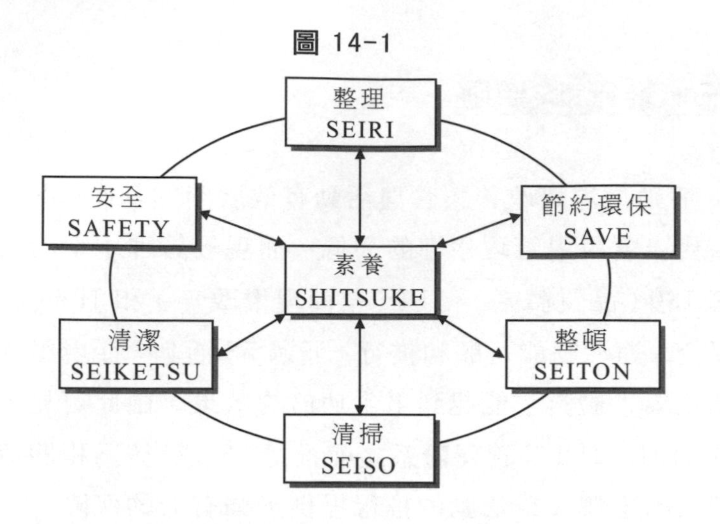

四、明確現場清掃對象和清掃基準

由於 5S 清掃內容涉及許多方面，因此可按區域、內容、對象以及用途等建立不同的區域清掃基準要求。以作業現場的設施、設備爲對象以改善作業環境爲目的，建立地面區域、牆/天花板、辦公區以及設備的清掃基準。

1. **地面的清掃項目**

表 14-1　地面日常清掃點檢實施基準

對象	項目	要　　求	備註
地面	表面	・保持清潔，無污垢、碎屑、積水等	
		・地面無破損，劃線、標識清晰無剝落	
	通道	・區劃線清晰；無堆放物；保持通暢	
	擺放物品	・定位、無雜物，擺放整齊無壓線	
		・堆疊不超高；暫放物有暫放標識	

續表

地面		•所有零件、物料離地放置	
	物料	•分類擺放在定位區內，有明顯標識，無粉塵、雜物	
		•包裝箱標識清楚，標誌向外；無明顯破損及變形	
		•週轉箱保持乾淨，無不要物	
		•合格/不合格品區分明確	
	推車	•定位放置，標識明確	
		•保持清潔，無破損、零配件齊全	
	垃圾簍	•歸位擺放，及時清理	

2. **牆，天花板清掃項目**

表 14-2　牆/天花板日常清掃點檢實施基準

對象	項目	要　求	備註
牆/天花板	牆面	•保持乾淨；貼掛牆身的物品應整齊合理	
	門、窗	•玻璃幹掙、無破損，框架無灰塵	
		•無多餘張貼物，銘牌標識完好	
	公告欄	•有管理責任人，乾淨並及時更新，無過期張貼物	
	開關、照明	•明確控制對象標識，保持完好狀態	
		•乾淨無積塵；下班時關閉電源	
	天花板	•歸位擺放，及時清理	

3.辦公區清掃項目

表 14-3　工作台/辦公桌日常清掃點檢實施基準

對象	項目	要　求	備註
辦公區	桌面	·保持乾淨清爽，無多餘墊壓物	
		·物件定位、擺放整齊，符合擺放要求	
	抽屜	·物品分類存放，整齊清潔；公私物品分開放	
	櫥/櫃	·眼觀乾淨，手摸無塵；無不要物；明確管理標識	
		·堆疊不超高；暫放物有暫放標識資料/物件/工具，按要求分類存放，有分類標識。	
		·保持清潔，有工具存放清單、合適放置位與容器	
	坐椅	·歸位；地面無堆放物	
	文件	·分類存放，及時歸檔；	
		·文件夾標識清楚，編號明確；	
	盆景	·無枯死或乾黃	

4.設備的清掃項目與基準

隨著科學技術和工業化程度的不斷發展，設備的使用已很大程度上代替了過去的手工作業，然而在這些裝備精良的設備爲我們高效生產的同時，卻經常忽略對設備本身的維護和保養，一不小心就成爲了報廢對象而被長期打入冷宮。此時的設備就成了一塊雞肋，食之無味，棄之可惜。

所幸的是，現在很多企業也已經逐步認識到設備保養的重要性，由過去「壞了再修，沒壞不管」到如今的「預防保全，日常維護」的理念轉變，說明實施設備保養管理是非常必要的。

在整個設備管理體系中，做好設備保養是最基本的一項工作，按照組織職責的區別，可將保養工作分成 3 級進行（即：一級保養、二級保養、三級保養），設備的清掃就是設備一級保養的主要內容，設備清掃項目與基準如下：

（一）週邊環境

<table>
<tr><th>清掃項目</th><th>清掃基準</th><th>清掃重點</th></tr>
<tr><td>1.工夾具及存放的工具櫃、工裝架等</td><td>・有無標示及亂擺放
・保管方法等</td><td rowspan="5">・整頓規定位置以外放置的物品
・整理比正常需求多出的物品
・應急時可使用物品的替換
・整頓亂寫亂劃、溜溜達達、亂擺亂放</td></tr>
<tr><td>2.原材料、半成品、成品（含存放架、台）</td><td>・有無標示及亂擺放
・保管方法等</td></tr>
<tr><td>3.地面（如通道、作業場地及其區劃、區劃線等）</td><td>・有無區劃線，是否模糊不清
・不需要物、指定物品以外的放置
・通行與作業上的安全性</td></tr>
<tr><td>4.保養用機器、工具（如點檢，檢查器械、潤滑器具，材料、保管棚、備品等）</td><td>・放置、取用
・計量儀器類的髒汙、精度等</td></tr>
<tr><td>5.牆壁、窗戶、門扉</td><td>・髒汙
・破損</td></tr>
</table>

(二) 設備及附屬機械

清掃項目	清掃基準	清掃重點
1.接觸原材料，製品的部位，影響品質的部位（如傳送帶、滾子面、容器、配管內、光電管、測定儀器）	有無堵塞、摩擦、磨損等	・清除長年放置堆積的灰塵垃圾、污垢 ・清除因油脂、原材料的飛散、溢出、洩漏造成的髒汙 ・清除塗膜捲曲、金屬面生銹 ・清除不必要的張貼物 ・明確不明了的標示
2.控制盤、操作盤內外	・有無不需要的物品、配線 ・有無劣化部件 ・有無螺絲類的鬆動、脫落	
3.設備驅動機械、部品（如鏈條、鏈輪、軸承、馬達、風扇、變速器等）	・有無過熱、異常音、振動、纏繞、磨損、鬆動、脫落等 ・潤滑油洩漏飛散 ・點檢潤滑作業的難易度	・清除長年放置堆積的灰塵垃圾、污垢 ・清除因油脂、原材料的飛散、溢出、洩漏造成的髒汙 ・清除塗膜捲曲、金屬面生銹 ・清除不必要的張貼物 ・明確不明了的標示
4.儀錶類（如壓力、溫度、濃度、電壓、拉力等指標）	・指針擺動 ・指示值失常 ・有無管理界限 ・點檢的難易度等	
5.配管、配線及配管附件（如電路、液體、空氣等的配管、開關閥門、變壓器等）	・有無內容，流動方向，開關狀態等標識 ・有無不需要的配管器具 ・有無裂紋、磨損	
6.設備框架、外蓋、通道、立腳點	・點檢作業難易度（明暗、阻擋看不見、狹窄）	
7.其他附屬機械（如容器、搬運機械、堆高車、升降機、台車等）	・液體，粉塵洩漏、飛散 ・原材料投入時的飛散 ・有無搬運置具點檢……	

五、開展每日三分鐘 5S 活動

開展現場作業環境改善的要點是持之以恆的清掃活動，處在變化之中的作業現場，只有不停地進行清掃才能保持長期的整潔和乾淨。眾所公認，5S 活動是維持現場環境最有效的方法，隨著 5S 活動的深入，各種清掃基準的完善和人員素養的提升，在維持階段就要使清掃制度化、規範化。這時針對清掃的對象物，制定每日 3～10 分鐘的 5S 確認標準，要求現場人員按標準上的要求，在每日下班前或上班後進行 3 分鐘的 5S 活動。是促進現場環境持續改善的一個有效方法（如下表）。

表 14-5　現場 3 分鐘 5S 標準

生產現場部門	事務間接部門	時間
a 確認區劃線、地面是否清潔完好 b 擦拭設備表面；零件、在製品分類放置，清理台面不要物 c 整理生產器具至拿取方便 d 桂查設備狀況並填寫檢查記錄	a 確認地面是否清潔 b 台（桌）面擦拭 c 台（桌）面物品的整理 d 公共區域和共用物品的整理 e 責任區地面清掃	3 分鐘 5S

續表

a 清潔區內各種標識牌 b 機械裝置內部擦拭 c 各種工治具的整頓 d 區內不要物的徹底清除	a 過期物品、呆廢物的清理 b 私物與公物的區分整理 c 安全庫存、備品數量確認 d 櫥櫃、保管庫物品的區分整理	5 分鐘 5S
a 機械裝置的週期保養 b 設備重點部位的清掃 c 各種儀錶、給油部件的點檢和異常的處理	a 櫥櫃、保管庫不要物的清理 b 台（桌）面物品按標準擺放 c 機器設備重點部位清掃	10 分鐘 5S

六、改善作業環境的 CLEAN-UP 作戰法

CLEAN-UP 作戰也叫徹底清掃循環作戰法，是由部門負責人引導，每月組織各班組長對工廠進行一次全面的清掃檢查活動。其作戰內容包括以下三個回合：

(1)CLEAN-UP Ⅰ——乾淨

(2)CLEAN-UP Ⅱ——整齊

(3)CLEAN-UP Ⅲ——完好

圖 14-2

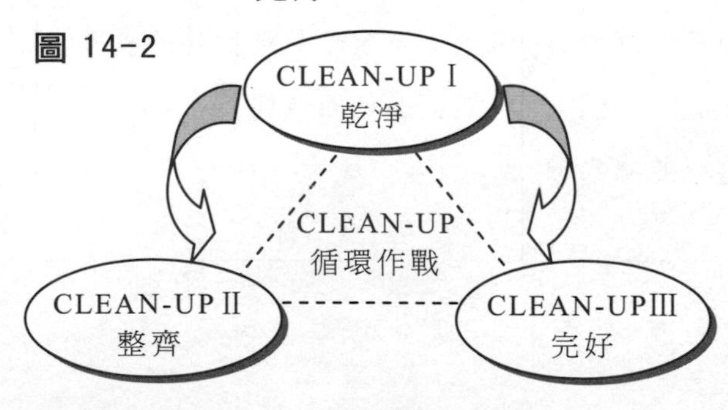

CLEAN-UP 作戰每一回合的作戰對象都是 10 項，每一項算 1 分，每一回的總分共 10 分。在現場作戰過程中，採用扣分的方式，每一項在同一現場發現兩次不符合要求本項的得分就爲零分，兩次以內得 1 分，同時記錄問題點。

每一次作戰完成後，由參加作戰人員一起按得分情況評出作業戰結果，予以公佈，並評選 CLEAN-UP 優秀小組給予獎勵。

1. **CLEAN-UP Ⅰ——乾淨**

表 14-6　第一回 CLEAN-UP 作戰表

序號	作戰主要對象
1	地面應無不要物和髒汙，零件及物料無散落地面
2	牆體（含窗）無破損、沒有蜘蛛網
3	門扇、窗戶玻璃擦拭得明亮乾淨
4	台面保持乾淨，無灰塵雜物，無規定以外的物品。
5	櫃頂無雜物，櫃身保持清潔
6	容器、貨架等應保持乾淨
7	物料、半成品及產品上無積塵、雜物、髒汙
8	設備儀器保持乾淨，無多餘物
9	儀錶盤乾淨清晰，有必要的正常範圍標識
10	清潔用具本身乾淨整潔、垃圾不超出容器口

第一回 CLEAN-UP 作戰主題是「乾淨」。凡是不符合「乾淨」要求的都算不合格，在檢查時部門負責人應督促各班組長在各

自轄區內互相找問題，多指出不「乾淨」的因素，不能出現作「好人」的現象。主要的作戰地點是辦公室、操作台面、儀器儀錶面等。

2. CLEAN-UP Ⅱ——**整齊**

第二回 CLEAN-UP 作戰的主題是「整齊」，就是在乾淨的基礎上重點強調現場物品的擺放狀態，可以理解爲「乾淨物品（設備）合理排放」。

作戰方式和第一回相同，在檢查時部門負責人應注意第一回作戰成果出現反覆，同時應把握好檢查尺度以防作戰流於形式。主要的作戰地點是操作現場、物流現場、維修現場等。

表 14-7　第二回 CLEAN—UP 作戰表

序號	作戰主要對象
1	應保證地面物品存放於定位區域內，無壓線
2	佔用通道的工具、物品應及時清理或移走
3	各種材料、物品應整齊碼放於定位區內
4	工具用品非工作狀態時按規定位置擺放（歸位）
5	櫃面標識明確，與櫃內分類對應
6	櫃內物品分類擺放整齊，明確品名規格和必要的數量
7	下班或離開崗位時，台面物品、辦公桌椅歸位
8	勞保用品明確定位，整齊擺放，分類標識
9	按規定要求穿戴工作服，著裝整齊、整潔
10	辦公抽屜不雜亂，分私物品分開

3. CLEAN-UP Ⅲ——完好

第三回 CLEAN-UP 作戰的主題是「完好」，可以理解爲「乾淨整齊的設施、物品外表、性能完好，能直觀地體現出『由誰管理』和『怎樣管理』」。

表 14-8　第三回 CLEAN-UP 作戰表

序號	作戰主要對象
1	地面安全隱患處（突出物、地坑等）應有防範或警示措施
2	開關、控制面板標識清晰，控制對象明確
3	設備儀器明確責任，堅持日常點檢，確保記錄清晰、正確
4	電線佈局合理整齊、無隱患（無裸線、不規則佈線、上掛物）
5	風扇、照明燈等處於完好狀態，無安全隱患（如扇罩間隙寬）
6	各種工具保持完好清潔狀態
7	物品存放標識清楚，客器、貨架無破損及嚴重變形
8	看板明確責任人並定期更換，無過期公告
9	非完好設施應作出明確標識，並及時修復或清理
10	通道線及標識牌、標籤保持清晰完整

七、消除設備的 9 大浪費現象

1. 因設備故障產生的浪費

⑴設備故障浪費的定義

因設備出現故障導致生產停止產生的時間、人力方面的成本浪費。包括設備突發故障引起的浪費和慢性故障發生導致的浪費。

⑵設備故障浪費的內容

①因設備故障造成的停止時間產生的浪費；

②因操作者失誤造成的停止時間產生的浪費；

③因裝置故障或能力不足造成停止產生的浪費。

⑶設備故障浪費的改善方法

從設備的綜合效率方面進行改善，統計設備每一次的故障時間以及一段時間內的故障回數，計算出一個月內設備實際應用於生產的時間，以設備的初始生產能力爲目標，建立設備綜合效率管理檔案。導入員工自主保全和設備專業保全的有效接合體制，促進設備的故障低減，達到節省成本的目的。

2. 段取調整產生的浪費

⑴段取調整浪費的定義

現製品生產終了時間，到下一批次製品經過對設備的替換、調整後能確保完全生產出良品，從現製品完成到下一批次製品正式投入生產這之間發生的設備沒有生產產生的浪費，就時段取調整的浪費。

⑵段取調整浪費的內容

①設備開始操作時的點檢；

②設備起動後準備生產時的空轉；

③加工過程尺寸切換；

④加工過程中品種切換；

・計劃內的品種切換

・計劃變更導致的品種切換

・切換時的試生產時間

⑤生產結束時的點檢。

⑶段取調整浪費的改善方法

減少生產計劃中品種的切換次數，應盡力確保在一天的生產週期內不出現計劃性的品種切換。有時切換一次品種，生產線所花的時間比生產這一批產品的時間還要多。品種的切換工作包括將現製品從生產線或設備上全數搬運到待生產區，然後進行設備加工刀具的更換，再進行調試，有些工序還需準備特殊的工具和更換加工設備，這一連串的工作下來，得耽誤多少時間？所以儘量減少一天工作期限內，生產品種的切換是改善段取調整浪費的關鍵。

3. 品質故障產生的浪費

⑴品質故障浪費的定義

因生產產品出現品質故障，導致設備停機或生產出的不良品需要返工造成設備重覆作業所導致的作業成本上的浪費。這種浪費的出現包括兩個方面的內容，一是生產過程出現在製品的品質不良，需要停機修正，產生設備空閒的浪費；二是製成的成品下線後發現不良，需要返回生產線重新加工導致的人工、時間、設備重覆運作的成本浪費。

⑵**品質故障浪費的內容**

①在製品品質事故。

・非計劃停線；

・突然發生的追加工作業；

・因返工需再投入的時間和財力。

②等待檢查。

③原材料不良。

⑶**品質故障浪費的改善方法**

①合併品質檢查工序，使生產在製品的各項品質檢查能在相對集中的地點上同時進行。

②減少原材料的品質檢查時間，能抽檢的材料不全檢。

③生產的不良品遵守就地處理的原則，減少不良造成的二次物流費增加。例如選派生產人員去顧客的工廠或倉庫選別或修理不良品等。

④嚴格執行設備的日常保養制度，保證生產設備的使用性能。

4.**物流浪費**

⑴**物流浪費的定義**

因生產物流不暢、原料供應不及時發生設備停機等待造成的浪費。這種浪費主要是生產物流不暢，生產工序間的物料流動不合理造成的，包括生產佈局不合理，如待料區和成品區距生產線太遠；搬運方法不當，如搬運太過吃力，效率不高等。

⑵物流浪費的內容

①生產用品短缺或送付遲；

②因計劃變更導致原料不能及時供應；

③因生產佈局不合理導致搬運效率不高；

④因使用工具不當使原材料不能及時送達生產線。

⑶物流浪費的改善方法

①建立及時供貨機制，不多送不少送，促使生產無積壓；

②倉庫成立緊急應對小組，針對非計劃生產的供料進行及時應對；

③生產現場重新進行規劃，縮短生產搬運距離，同時採用多層移動式貨架來存放工件，提高生產作業區空間利用率，也可以提高配貨的效率。

5. 治工具切換浪費

⑴治工具切換浪費的定義

因生產使用的工具、量具不合理或因使用擺放方法不科學造成與設備運行速度不協調，或產生停機等待等產生的浪費現象。同時也包括模具、治工具不良造成的停止及刀具的定期更換、清除切屑等時間上的浪費。

⑵治工具切換浪費的內容

①非品種切換的模具、刀具更換；

②工具擺放不合理；

③正常換機種發生的刀具更換。

⑶治工具切換浪費的改善方法

提前將要更換的刀具磨制好，預備出現緊急情況時能提高，刀具的更換效率。

在生產線以人的動作經濟化原則，採用卡槽、形跡法合理擺放工具，提高拿取效率。

圖 14-3

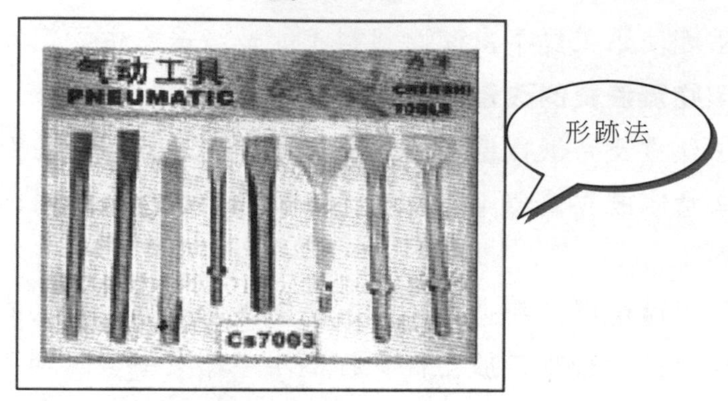

圖 14-4

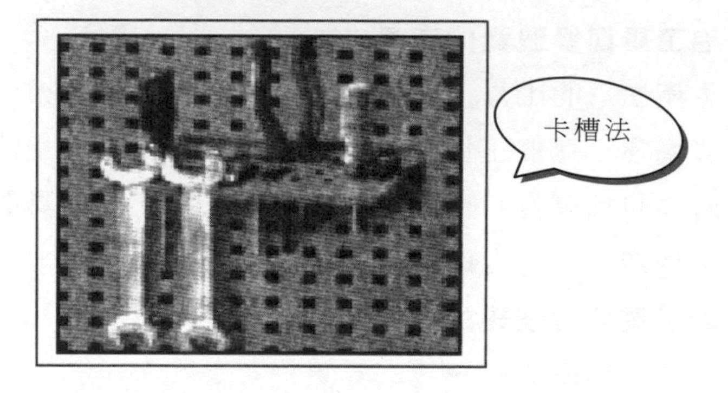

6.設備啟動產生的浪費

⑴設備啟動浪費的定義

指從設備的啓動到正式進行生產中間發生的一段設備空轉時間產生的浪費。也包括設備定期檢修後長時間停止後（節假日、午休等）重新啓動的時間。

⑵設備啟動浪費的內容

①正常啓動設備後，爲進行正常的生產設備的預熱時間；

②月年度大盤點後設備重新啓動時間；

③檢修後設備試運轉時間。

⑶設備啟動浪費的改善方法

①改善設備性能，縮短啓動時間。

②每次用完設備後，及時進行點檢工作，發現影響設備啓動的問題要及時對應。

③設備的加油必須按規定週期進行加注，因爲設備隨著使用年限的增加，如果潤滑或機油加注不到位，均會發生啓動遲緩的現象。

7.設備點點停導致的浪費

⑴設備點點停浪費的定義

因作業人員的離開等其他原因造成設備小於 5 分鐘以下的停機時間導致的浪費，點點停浪費不按時間來計，而是按發生的次數來算的，例如某天中，某生產線共發生於小 5 分鐘的停機現象 5 次，不管每一次點點停具體時間，只計點點停發生了 5 次。制定點點停指標和考核生產設備的效率時也是按發生的次數來算。

⑵設備點點停浪費的內容

①操作人員違紀離開工作崗位；

②生產出現不連續導致設備空轉小於5分鐘的時間；

③連續生產中瓶頸工序導致其他工序作業停止；

④材料供應不及時出現設備停止小於5分鐘的時間。

⑶設備點點停浪費的改善方法

①向員工灌輸成本意識，促進員工按要求作業；

②衛生間、飲水間、休息室與生產線之間的距離不能太遠，使員工在生產過程的離開不影響生產效率；

③條件艱苦的特殊工廠可以適當放寬點點停的時間限制。

8.速度低下造成的浪費

⑴速度低下浪費的定義

因各種原因導致設備運行緩慢，未達到設備初始速度造成的浪費。包括速度低下造成的生產運轉產生成本浪費或前後工序編成不合理影響效率造成的時間上的浪費。

⑵速度低下浪費的內容

①設備的實際速度低下

實際運轉速度低於設計的額定速度。

②設備的設計（設定）速度低下

某些品種的基準速度要求過快，設計速度低於現有技術水準，設備需要挖潛或改良。

⑶速度低下浪費的改善方法

①尋找設備速度低下的原因，必要時請設備的製造商到場確認或改進。

②通過與設備部門的合作，改良設備的性能，使之能達到要求的作業速度。

9. **不良廢棄的浪費**

⑴**不良廢棄浪費的定義**

指設備在工作時間內生產出不良品，造成的人員、工時、設備等方面的損耗。包括生產出不良廢棄品或需用設備返修所花費的時間。

⑵**不良廢棄浪費的內容**

①不良品、廢棄品；

②需要設備重新返工品。

⑶**不良廢棄品浪費的改善方法**

①簡單改造移作它用，一方面廢物利用，一方面減少了再加工的浪費。

②削價處理，對品質不太嚴重的不良品，可以在市場上進行削價處理，以收回部份成本，同時也可以減少加工處理和物流費用。例如外表有刮花的電子產品等。

心得欄 ------------------------------------

八、改善作業人員的 7 大浪費

1. 停止等待產生的浪費

⑴停止等待浪費的定義

在生產過程中，作業人員因等待生產指示、材料或啓動設備等停止時間導致人員等待作業的浪費。同時也包括因設備故障修理的等待時間和因個人違反生產規定的作業行爲造成的大於 5 分鐘的停止時間上的浪費。

⑵停止等待浪費的內容

①等待生產指示；

②等待生產材料；

③設備故障維修的等待。

⑶停止等待浪費的改善方法

①在生產計劃出現變化時第一時間週知相關生產人員作生產準備工作，可以通過生產看板的方式張貼出來。

②加強生產與設備修理部門之間溝通，生產部門發現設備問題要及時報告，並向設備的維修人員提供準確的設備病歷。以提高維修效率。

2. 作業員動作上的浪費

⑴動作浪費的定義

在生產加工過程中，作業人員違反動作的經濟原則，或因作業技能水準差異等原因，造成的浪費。

⑵動作浪費的內容

①作業人員違反動作的經濟原則；

②作業人員的工作技能達不到生產的要求；

③作業人員身體不適。

⑶動作浪費的改善方法

①運用標準動作分析方法，為作業員工拿取工具、工件、組合、配裝建立標準的動作規範，並用圖示的方式在相應的工位中展示出來；

②工作台合理設制，避免作業人員容易疲勞產生身體不適。

3. 生產佈局不合理產生的浪費

⑴佈局浪費的定義

因設備、生產用具、工作台等位置不合理導致過多的搬運次數或重覆搬運產生的浪費。同時也包括搬運人員過多的步行、吃力搬運所引發的搬運效率的低下所產生的浪費。

⑵佈局浪費的內容

①生產物料搬運上的浪費；

②搬運人員步行浪費。

⑶佈局浪費的改善方法

①使用可移動的搬運工具；

②不要讓重體力搬運在生產現場發生；

③改善生產佈局，縮短搬運的距離；

④使用產品搬運分析表。

4. 作業編排不均衡導致的浪費

⑴編排浪費的定義

在進行連續生產時，相關工位之間作業時間編排上不均衡，使各工位之間的作業不能進行及時的銜接導致的人員作業不平均引發的浪費。

⑵編排浪費的內容

①品種不同的作業時間不均衡；

②多工位、設備協同作業不均衡；

③傳送帶上線速度不均衡。

⑶編排浪費的改善方法

①對作業人員進行技能培訓，以彌補作業編排不均造成的效率低下；

②現場管理者對生產線各工序作業內容應充分掌握，以便合理地編排作業；

③調整生產線速度，使各線的流動速度平均化。

5. 作業標準不適當產生的浪費

⑴作業標準浪費的定義

制定的生產作業標準不合理、規格要求過分或根本不必要造成生產中多餘的生產動作發生造成的浪費。

⑵作業標準浪費的內容

①作業標準上的規格不合理或沒有相應的規格要求；

②作業標準上有過分不需要的要求；

③作業標準過時沒有及時修訂。

⑶作業標準浪費的改善方法

①定期修訂作業標準，及時將過期的標準內容按規定的程序廢止。

②對作業標準中要求過高，現實作業無條件無法完成或標準的要求沒有必要的部份，及時進行修正。

③充分利用作業員工在實操中積累的經驗，在修正作業標準書時聽取員工的建議。

④完成新的作業標準時，應先進行一段時間的試運行，以確保作業標準的可操作性。

6.不良品修理產生的浪費

⑴不良品修理浪費的定義

因爲生產出不良品需要返修，引發的產品下線再投入生產造成的下線工位重覆作業以及不良廢棄造成工數浪費。

⑵不良品修理浪費的內容

①下線修理；

②不良廢棄；

③使用設備重新返工。

⑶不良品修理浪費的改善方法

①對待修理的不良品先進行修理成本與產生價值之間的對比分析，按修理是否划算再做是否修理的決定。

②決定修理的不良品，就要認真對待，不能使返修後的產品再出現第二次不良。

③對修理不划算的不良品，視不良的程度，作廢棄處理或低價出售。

7. 人員違紀導致的浪費

⑴**違紀浪費定義**

因作業人員不按要求操作或違反規定開動設備，造成的生產時間上的延緩或生產引發事故造成的直接損失導致的浪費。

⑵**違紀浪費的內容**

①不按作業標準的要求作業；

②違反設備的操作規定；

③上班時私自離開工作崗位。

⑶**違紀浪費的改善方法**

①現場管理人員嚴格執行企業生產管理制度，對生產過程中私自離崗行爲要按規定進行處理。

②對重點設備指定專人操作，同時製作操作提示，杜絕不當操作的發生。

心得欄 ------------------------------------

圖 書 出 版 目 錄

下列圖書是由憲業企管顧問(集團)公司所出版，以專業立場，為企業界提供最專業的各種經營管理類圖書。

1.傳播書香社會，凡向本出版社購買（或郵局劃撥購買），一律 9 折優惠。

服務電話(02)27622241　(03)9310960　　傳真(02)27620377

2.請將書款用 ATM 自動扣款轉帳到我公司下列的銀行帳戶。

銀行名稱：合作金庫銀行　　帳號：5034-717-347447

公司名稱：憲業企管顧問有限公司

3.郵局劃撥號碼：18410591　郵局劃撥戶名：憲業企管顧問公司

4.圖書出版資料隨時更新，請見網站　www.bookstore99.com

經營顧問叢書

編號	書名	定價
13	營業管理高手（上）	一套
14	營業管理高手（下）	500 元
16	中國企業大勝敗	360 元
18	聯想電腦風雲錄	360 元
19	中國企業大競爭	360 元
21	搶灘中國	360 元
25	王永慶的經營管理	360 元
26	松下幸之助經營技巧	360 元
32	企業併購技巧	360 元
33	新產品上市行銷案例	360 元
46	營業部門管理手冊	360 元
47	營業部門推銷技巧	390 元
52	堅持一定成功	360 元
56	對準目標	360 元
58	大客戶行銷戰略	360 元
60	寶潔品牌操作手冊	360 元
72	傳銷致富	360 元
73	領導人才培訓遊戲	360 元
76	如何打造企業贏利模式	360 元
77	財務查帳技巧	360 元
78	財務經理手冊	360 元
79	財務診斷技巧	360 元
80	內部控制實務	360 元
81	行銷管理制度化	360 元
82	財務管理制度化	360 元
83	人事管理制度化	360 元
84	總務管理制度化	360 元
85	生產管理制度化	360 元
86	企劃管理制度化	360 元
91	汽車販賣技巧大公開	360 元
94	人事經理操作手冊	360 元
97	企業收款管理	360 元
100	幹部決定執行力	360 元
106	提升領導力培訓遊戲	360 元

112	員工招聘技巧	360 元
113	員工績效考核技巧	360 元
114	職位分析與工作設計	360 元
116	新產品開發與銷售	400 元
122	熱愛工作	360 元
124	客戶無法拒絕的成交技巧	360 元
125	部門經營計劃工作	360 元
127	如何建立企業識別系統	360 元
129	邁克爾・波特的戰略智慧	360 元
130	如何制定企業經營戰略	360 元
131	會員制行銷技巧	360 元
132	有效解決問題的溝通技巧	360 元
135	成敗關鍵的談判技巧	360 元
137	生產部門、行銷部門績效考核手冊	360 元
138	管理部門績效考核手冊	360 元
139	行銷機能診斷	360 元
140	企業如何節流	360 元
141	責任	360 元
142	企業接棒人	360 元
144	企業的外包操作管理	360 元
145	主管的時間管理	360 元
146	主管階層績效考核手冊	360 元
147	六步打造績效考核體系	360 元
148	六步打造培訓體系	360 元
149	展覽會行銷技巧	360 元
150	企業流程管理技巧	360 元
152	向西點軍校學管理	360 元
154	領導你的成功團隊	360 元
155	頂尖傳銷術	360 元
156	傳銷話術的奧妙	360 元

159	各部門年度計劃工作	360 元
160	各部門編制預算工作	360 元
163	只為成功找方法，不為失敗找藉口	360 元
167	網路商店管理手冊	360 元
168	生氣不如爭氣	360 元
170	模仿就能成功	350 元
171	行銷部流程規範化管理	360 元
172	生產部流程規範化管理	360 元
173	財務部流程規範化管理	360 元
174	行政部流程規範化管理	360 元
176	每天進步一點點	350 元
177	易經如何運用在經營管理	350 元
178	如何提高市場佔有率	360 元
180	業務員疑難雜症與對策	360 元
181	速度是贏利關鍵	360 元
183	如何識別人才	360 元
184	找方法解決問題	360 元
185	不景氣時期，如何降低成本	360 元
186	營業管理疑難雜症與對策	360 元
187	廠商掌握零售賣場的竅門	360 元
188	推銷之神傳世技巧	360 元
189	企業經營案例解析	360 元
191	豐田汽車管理模式	360 元
192	企業執行力（技巧篇）	360 元
193	領導魅力	360 元
197	部門主管手冊（增訂四版）	360 元
198	銷售說服技巧	360 元
199	促銷工具疑難雜症與對策	360 元
200	如何推動目標管理（第三版）	390 元
201	網路行銷技巧	360 元

202	企業併購案例精華	360 元
204	客戶服務部工作流程	360 元
205	總經理如何經營公司(增訂二版)	360 元
206	如何鞏固客戶（增訂二版）	360 元
207	確保新產品開發成功(增訂三版)	360 元
208	經濟大崩潰	360 元
209	鋪貨管理技巧	360 元
210	商業計劃書撰寫實務	360 元
212	客戶抱怨處理手冊(增訂二版)	360 元
214	售後服務處理手冊（增訂三版）	360 元
215	行銷計劃書的撰寫與執行	360 元
216	內部控制實務與案例	360 元
217	透視財務分析內幕	360 元
219	總經理如何管理公司	360 元
222	確保新產品銷售成功	360 元
223	品牌成功關鍵步驟	360 元
224	客戶服務部門績效量化指標	360 元
226	商業網站成功密碼	360 元
227	人力資源部流程規範化管理（增訂二版）	360 元
228	經營分析	360 元
229	產品經理手冊	360 元
230	診斷改善你的企業	360 元
231	經銷商管理手冊(增訂三版)	360 元
232	電子郵件成功技巧	360 元
233	喬・吉拉德銷售成功術	360 元
234	銷售通路管理實務〈增訂二版〉	360 元
235	求職面試一定成功	360 元
236	客戶管理操作實務〈增訂二版〉	360 元

237	總經理如何領導成功團隊	360 元
238	總經理如何熟悉財務控制	360 元
239	總經理如何靈活調動資金	360 元
240	有趣的生活經濟學	360 元
241	業務員經營轄區市場（增訂二版）	360 元
242	搜索引擎行銷	360 元
243	如何推動利潤中心制度（增訂二版）	360 元
244	經營智慧	360 元
245	企業危機應對實戰技巧	360 元
246	行銷總監工作指引	360 元
247	行銷總監實戰案例	360 元
248	企業戰略執行手冊	360 元
249	大客戶搖錢樹	360 元
250	企業經營計畫〈增訂二版〉	360 元
251	績效考核手冊	360 元
252	營業管理實務（增訂二版）	360 元
253	銷售部門績效考核量化指標	360 元
254	員工招聘操作手冊	360 元
255	總務部門重點工作（增訂二版）	360 元
256	有效溝通技巧	360 元
257	會議手冊	360 元
258	如何處理員工離職問題	360 元
259	提高工作效率	360 元
260	贏在細節管理	360 元
261	員工招聘性向測試方法	360 元
262	解決問題	360 元
263	微利時代制勝法寶	360 元

264	如何拿到VC（風險投資）的錢	360元
265	如何撰寫職位說明書	360元
267	促銷管理實務〈增訂五版〉	360元
268	顧客情報管理技巧	360元
269	如何改善企業組織績效〈增訂二版〉	360元
270	低調才是大智慧	360元
271	電話推銷培訓教材〈增訂二版〉	360元
272	主管必備的授權技巧	360元

《商店叢書》

4	餐飲業操作手冊	390元
5	店員販賣技巧	360元
10	賣場管理	360元
12	餐飲業標準化手冊	360元
13	服飾店經營技巧	360元
18	店員推銷技巧	360元
19	小本開店術	360元
20	365天賣場節慶促銷	360元
29	店員工作規範	360元
30	特許連鎖業經營技巧	360元
32	連鎖店操作手冊（增訂三版）	360元
33	開店創業手冊〈增訂二版〉	360元
34	如何開創連鎖體系〈增訂二版〉	360元
35	商店標準操作流程	360元
36	商店導購口才專業培訓	360元
37	速食店操作手冊〈增訂二版〉	360元
38	網路商店創業手冊〈增訂二版〉	360元
39	店長操作手冊（增訂四版）	360元
40	商店診斷實務	360元
41	店鋪商品管理手冊	360元
42	店員操作手冊（增訂三版）	360元
43	如何撰寫連鎖業營運手冊〈增訂二版〉	360元
44	店長如何提升業績〈增訂二版〉	360元
45	向肯德基學習連鎖經營〈增訂二版〉	360元
46	連鎖店督導師手冊	360元

《工廠叢書》

5	品質管理標準流程	380元
9	ISO 9000管理實戰案例	380元
10	生產管理制度化	360元
11	ISO認證必備手冊	380元
12	生產設備管理	380元
13	品管員操作手冊	380元
15	工廠設備維護手冊	380元
16	品管圈活動指南	380元
17	品管圈推動實務	380元
20	如何推動提案制度	380元
24	六西格瑪管理手冊	380元
30	生產績效診斷與評估	380元
32	如何藉助IE提升業績	380元
35	目視管理案例大全	380元
38	目視管理操作技巧(增訂二版)	380元
40	商品管理流程控制(增訂二版)	380元
42	物料管理控制實務	380元
46	降低生產成本	380元
47	物流配送績效管理	380元

49	6S 管理必備手冊	380 元
50	品管部經理操作規範	380 元
51	透視流程改善技巧	380 元
55	企業標準化的創建與推動	380 元
56	精細化生產管理	380 元
57	品質管制手法〈增訂二版〉	380 元
58	如何改善生產績效〈增訂二版〉	380 元
59	部門績效考核的量化管理〈增訂三版〉	380 元
60	工廠管理標準作業流程	380 元
61	採購管理實務〈增訂三版〉	380 元
62	採購管理工作細則	380 元
63	生產主管操作手冊(增訂四版)	380 元
64	生產現場管理實戰案例〈增訂二版〉	380 元
65	如何推動 5S 管理（增訂四版）	380 元
66	如何管理倉庫（增訂五版）	380 元
67	生產訂單管理步驟〈增訂二版〉	380 元
68	打造一流的生產作業廠區	380 元
70	如何控制不良品〈增訂二版〉	380 元
71	全面消除生產浪費	380 元

《醫學保健叢書》

1	9 週加強免疫能力	320 元
3	如何克服失眠	320 元
4	美麗肌膚有妙方	320 元
5	減肥瘦身一定成功	360 元
6	輕鬆懷孕手冊	360 元
7	育兒保健手冊	360 元
8	輕鬆坐月子	360 元
11	排毒養生方法	360 元
12	淨化血液　強化血管	360 元
13	排除體內毒素	360 元
14	排除便秘困擾	360 元
15	維生素保健全書	360 元
16	腎臟病患者的治療與保健	360 元
17	肝病患者的治療與保健	360 元
18	糖尿病患者的治療與保健	360 元
19	高血壓患者的治療與保健	360 元
22	給老爸老媽的保健全書	360 元
23	如何降低高血壓	360 元
24	如何治療糖尿病	360 元
25	如何降低膽固醇	360 元
26	人體器官使用說明書	360 元
27	這樣喝水最健康	360 元
28	輕鬆排毒方法	360 元
29	中醫養生手冊	360 元
30	孕婦手冊	360 元
31	育兒手冊	360 元
32	幾千年的中醫養生方法	360 元
33	免疫力提升全書	360 元
34	糖尿病治療全書	360 元
35	活到 120 歲的飲食方法	360 元
36	7 天克服便秘	360 元
37	爲長壽做準備	360 元
38	生男生女有技巧〈增訂二版〉	360 元
39	拒絕三高有方法	360 元

《培訓叢書》

4	領導人才培訓遊戲	360 元
8	提升領導力培訓遊戲	360 元
11	培訓師的現場培訓技巧	360 元
12	培訓師的演講技巧	360 元
14	解決問題能力的培訓技巧	360 元
15	戶外培訓活動實施技巧	360 元
16	提升團隊精神的培訓遊戲	360 元
17	針對部門主管的培訓遊戲	360 元
18	培訓師手冊	360 元
19	企業培訓遊戲大全（增訂二版）	360 元
20	銷售部門培訓遊戲	360 元
21	培訓部門經理操作手冊（增訂三版）	360 元
22	企業培訓活動的破冰遊戲	360 元
23	培訓部門流程規範化管理	360 元

《傳銷叢書》

4	傳銷致富	360 元
5	傳銷培訓課程	360 元
7	快速建立傳銷團隊	360 元
9	如何運作傳銷分享會	360 元
10	頂尖傳銷術	360 元
11	傳銷話術的奧妙	360 元
12	現在輪到你成功	350 元
13	鑽石傳銷商培訓手冊	350 元
14	傳銷皇帝的激勵技巧	360 元
15	傳銷皇帝的溝通技巧	360 元
17	傳銷領袖	360 元
18	傳銷成功技巧（增訂四版）	360 元

《幼兒培育叢書》

1	如何培育傑出子女	360 元
2	培育財富子女	360 元
3	如何激發孩子的學習潛能	360 元
4	鼓勵孩子	360 元
5	別溺愛孩子	360 元
6	孩子考第一名	360 元
7	父母要如何與孩子溝通	360 元
8	父母要如何培養孩子的好習慣	360 元
9	父母要如何激發孩子學習潛能	360 元
10	如何讓孩子變得堅強自信	360 元

《成功叢書》

1	猶太富翁經商智慧	360 元
2	致富鑽石法則	360 元
3	發現財富密碼	360 元

《企業傳記叢書》

1	零售巨人沃爾瑪	360 元
2	大型企業失敗啓示錄	360 元
3	企業併購始祖洛克菲勒	360 元
4	透視戴爾經營技巧	360 元
5	亞馬遜網路書店傳奇	360 元
6	動物智慧的企業競爭啓示	320 元
7	CEO 拯救企業	360 元
8	世界首富　宜家王國	360 元
9	航空巨人波音傳奇	360 元
10	傳媒併購大亨	360 元

《智慧叢書》

1	禪的智慧	360 元
2	生活禪	360 元

3	易經的智慧	360 元
4	禪的管理大智慧	360 元
5	改變命運的人生智慧	360 元
6	如何吸取中庸智慧	360 元
7	如何吸取老子智慧	360 元
8	如何吸取易經智慧	360 元
9	經濟大崩潰	360 元
10	有趣的生活經濟學	360 元
11	低調才是大智慧	360 元

《DIY 叢書》

1	居家節約竅門 DIY	360 元
2	愛護汽車 DIY	360 元
3	現代居家風水 DIY	360 元
4	居家收納整理 DIY	360 元
5	廚房竅門 DIY	360 元
6	家庭裝修 DIY	360 元
7	省油大作戰	360 元

《財務管理叢書》

1	如何編制部門年度預算	360 元
2	財務查帳技巧	360 元
3	財務經理手冊	360 元
4	財務診斷技巧	360 元
5	內部控制實務	360 元
6	財務管理制度化	360 元
8	財務部流程規範化管理	360 元
9	如何推動利潤中心制度	360 元

為方便讀者選購，本公司將一部分上述圖書又加以專門分類如下：

《企業制度叢書》

1	行銷管理制度化	360 元
2	財務管理制度化	360 元
3	人事管理制度化	360 元
4	總務管理制度化	360 元
5	生產管理制度化	360 元
6	企劃管理制度化	360 元

《主管叢書》

1	部門主管手冊	360 元
2	總經理行動手冊	360 元
4	生產主管操作手冊	380 元
5	店長操作手冊（增訂版）	360 元
6	財務經理手冊	360 元
7	人事經理操作手冊	360 元
8	行銷總監工作指引	360 元
9	行銷總監實戰案例	360 元

《總經理叢書》

1	總經理如何經營公司(增訂二版)	360 元
2	總經理如何管理公司	360 元
3	總經理如何領導成功團隊	360 元
4	總經理如何熟悉財務控制	360 元
5	總經理如何靈活調動資金	360 元

《人事管理叢書》

1	人事管理制度化	360 元
2	人事經理操作手冊	360 元
3	員工招聘技巧	360 元
4	員工績效考核技巧	360 元
5	職位分析與工作設計	360 元
7	總務部門重點工作	360 元
8	如何識別人才	360 元
9	人力資源部流程規範化管理（增訂二版）	360 元
10	員工招聘操作手冊	360 元

11	如何處理員工離職問題	360 元

《理財叢書》

1	巴菲特股票投資忠告	360 元
2	受益一生的投資理財	360 元
3	終身理財計劃	360 元
4	如何投資黃金	360 元
5	巴菲特投資必贏技巧	360 元
6	投資基金賺錢方法	360 元
7	索羅斯的基金投資必贏忠告	360 元
8	巴菲特爲何投資比亞迪	360 元

《網路行銷叢書》

1	網路商店創業手冊〈增訂二版〉	360 元
2	網路商店管理手冊	360 元
3	網路行銷技巧	360 元
4	商業網站成功密碼	360 元
5	電子郵件成功技巧	360 元
6	搜索引擎行銷	360 元

《企業計畫叢書》

1	企業經營計劃	360 元
2	各部門年度計劃工作	360 元
3	各部門編制預算工作	360 元
4	經營分析	360 元
5	企業戰略執行手冊	360 元

《經濟叢書》

1	經濟大崩潰	360 元
2	石油戰爭揭秘(即將出版)	

當市場競爭激烈時：

培訓員工，強化員工競爭力是企業最佳對策

「人才」是企業最大的財富。如何提升人才，是企業永續經營、戰勝對手的核心競爭力。積極培訓公司內部員工，是經濟不景氣時期的最佳戰略，而最快速的具體作法，就是**「建立企業內部圖書館，鼓勵員工多閱讀、多進修專業書籍」**

建議您：請一次購足本公司所出版各種經營管理類圖書，作為貴公司內部員工培訓圖書。 使用率高的（例如「贏在細節管理」)，準備 3 本；使用率低的（例如「工廠設備維護手冊」)，只買 1 本。

使用培訓，提升企業競爭力

是萬無一失、事半功倍的方法。

其效果更具有超大的「投資報酬力」！

最暢銷的工廠叢書

名　稱	特价	名称	特價
1 生產作業標準流程	380 元	2 生產主管操作手冊	
3 目視管理操作技巧	380 元	4 物料管理操作實務	380 元
5 品質管理標準流程	380 元	6 企業管理標準化教材	380 元
7 如何推動 5S 管理	380 元	8 庫存管理實務	380 元
9 ISO 9000 管理實戰案例	380 元	10 生產管理制度化	380 元
11 ISO 認證必備手冊	380 元	12 生產設備管理	380 元
13 品管員操作手冊	380 元	14 生產現場主管實務	380 元
15 工廠設備維護手冊	380 元	16 品管圈活動指南	380 元
17 品管圈推動實務	380 元	18 工廠流程管理	380 元
19 生產現場改善技巧		20 如何推動提案制度	380 元
21 採購管理實務	380 元	22 品質管制手法	380 元
23		24 六西格瑪管理手冊	380 元
25 商品管理流程控制	380 元		

上述各書均有在書店陳列販賣，若書店賣完，而來不及由庫存書補充上架，請讀者直接向店員詢問、購買，最快速、方便！

請透過郵局劃撥購買：

郵局劃撥戶名：憲業企管顧問公司

郵局劃撥帳號：18410591

工廠叢書⑰　　　　售價：380 元

現場工程改善應用手冊

西元二〇一一年十月　　　　初版一刷

編著：段健華
策劃：麥可國際出版有限公司（新加坡）
編輯：蕭玲
校對：洪飛娟
發行人：黃憲仁
發行所：憲業企管顧問有限公司
電話：(02) 2762-2241　(03) 9310960　0930872873
臺北聯絡處：臺北郵政信箱第 36 之 1100 號
郵政劃撥：**18410591 憲業企管顧問有限公司**
江祖平律師顧問：紙品書、數位書著作權與版權均歸本公司所有
登記證：行政業新聞局版台業字第 6380 號

本公司徵求海外版權出版代理商（0930872873）

本圖書是由憲業企管顧問（集團）公司所出版，以專業立場，為企業界提供最專業的各種經營管理類圖書。

Made in Taiwan

圖書編號 ISBN：978-986-6084-25-6